全国职业技术院校模具制造/模具设计专业教材

模具拆装调试与维护
（第二版）

人力资源和社会保障部教材办公室组织编写

中国劳动社会保障出版社

简 介

本书主要内容包括冷冲压模具的拆装、调试与维护，注塑模具的拆装、调试与维护。

本书由申如意主编，赵钱参编，米光明主审，姜波、岳永胜参审。

图书在版编目(CIP)数据

模具拆装调试与维护/人力资源和社会保障部教材办公室组织编写. —2版. —北京：中国劳动社会保障出版社，2016

全国职业技术院校模具制造/模具设计专业教材

ISBN 978-7-5167-2798-0

Ⅰ.①模… Ⅱ.①人… Ⅲ.①模具-装配（机械）-职业教育-教材②模具-调试方法-职业教育-教材③模具-维修-职业教育-教材 Ⅳ.①TG76

中国版本图书馆CIP数据核字(2016)第256914号

中国劳动社会保障出版社出版发行

（北京市惠新东街1号 邮政编码：100029）

*

北京市白帆印务有限公司印刷装订 新华书店经销

787毫米×1092毫米 16开本 10.5印张 211千字

2017年1月第2版 2021年1月第4次印刷

定价：19.00元

读者服务部电话：（010）64929211/84209101/64921644

营销中心电话：（010）64962347

出版社网址：http://www.class.com.cn

http://jg.class.com.cn

为了更好地适应全国职业技术院校模具类专业的教学要求，全面提升教学质量，人力资源和社会保障部教材办公室组织有关学校的骨干教师和行业、企业专家，对全国中等职业技术学校和高等职业技术院校模具类专业教材进行了修订和补充开发。教材的修订和开发以人力资源社会保障部颁布的《技工院校模具制造专业教学计划和教学大纲（2016）》与《技工院校模具设计专业教学计划和教学大纲（2016）》为依据，充分调研了企业生产和学校教学情况，广泛听取了教师对现行教材使用情况的反馈意见，吸收和借鉴了各地职业技术院校教学改革的成功经验。

教材体系

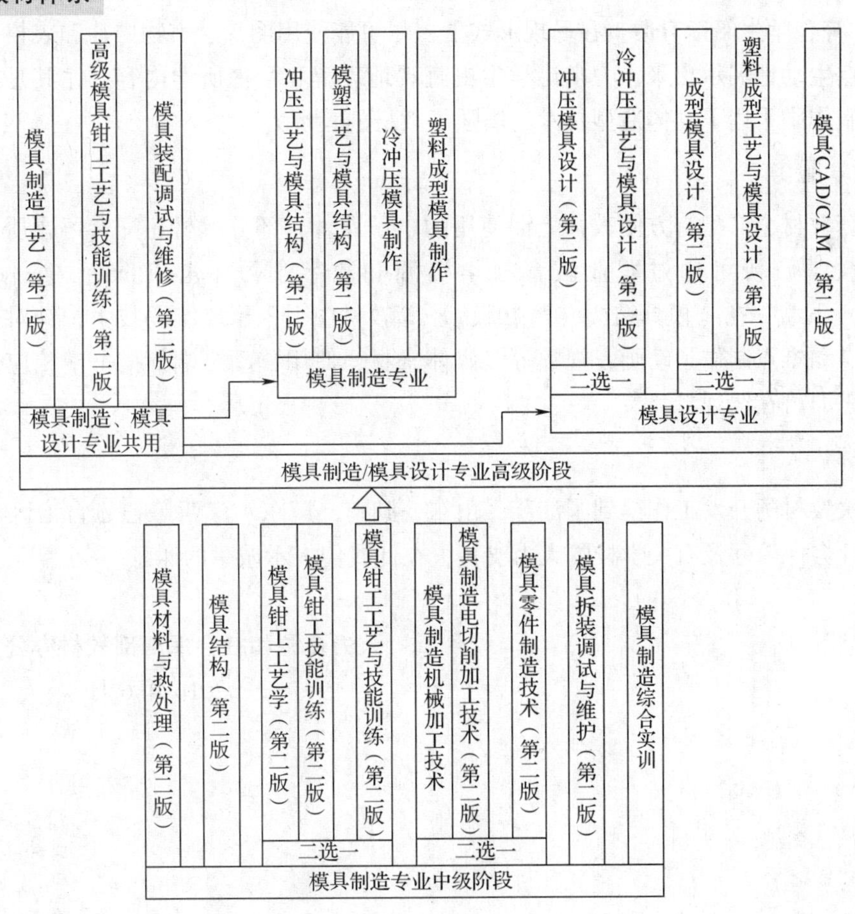

适用对象

模具制造/模具设计专业中级、高级两个层次和以下3种学制：

- 初中毕业生3年学制培养中级工
- 高中毕业生3年学制培养高级工
- 初中毕业生5年学制培养高级工

编写特色

◆ **紧贴国家职业标准**　紧密贴合《中华人民共和国职业分类大典（2015年版）》中对模具工等职业的职业能力要求，同时参照了模具工、工具钳工等国家职业技能标准。

◆ **体现行业技术发展**　根据模具行业的最新发展，在教材中充实模具制造、设计方面的新技术，如模具CAD/CAM/CAE技术、快速成型技术、多轴数控加工技术、微细加工技术等，体现教材的先进性。

◆ **更新国家技术标准**　采用最新的国家技术标准，如《工模具钢》（GB/T 1299—2014）、《冲压件尺寸公差》（GB/T 13914—2013）、《冲压件角度公差》（GB/T 13915—2013）等，使教材内容更加科学和规范。

◆ **符合学生阅读习惯**　在呈现形式上，尽可能使用图片、实物照片和表格等形式将知识点生动地展示出来，力求让学生更直观地理解和掌握所学内容。尤其是在教材插图的制作中采用了立体造型技术，增强了教材的表现力。

教学服务

本套教材全部配有方便教师上课使用的电子课件，部分教材还配有习题册，电子课件等教学资源可通过职业教育教学资源和数字学习中心（http://zyjy.class.com.cn）下载。在《模具结构（第二版）》等教材中引入了二维码技术，针对书中的教学重点和难点制作了动画、视频等多媒体素材，使用移动终端扫描书中相应位置处的二维码即可在线观看。

致谢

本次教材的开发工作得到了江苏、山东、湖南、广东、广西等省（自治区）人力资源和社会保障厅及有关学校的大力支持，在此我们表示诚挚的谢意。

人力资源和社会保障部教材办公室

2016年6月

目　录
Contents

冷冲压模具的拆装、调试与维护

课题一　复合式冲裁模的拆装

一、模具装配工艺过程及方法

1. 模具装配工艺过程

模具装配就是按照模具设计的总装配图，把各个零件组合起来，使之成为一个整体，并达到规定的技术要求的一种加工工艺。装配质量的好坏将直接影响到制件的质量和模具的使用状态、耐用度以及模具寿命。因此，在装配时一定要按照装配工艺规程进行装配。

模具的装配工艺过程大致可分为四个阶段，如图 1—1—1 所示。

2. 常用的模具装配方法

在传统的模具装配工作中，常采用配作装配法和直接装配法两种。

（1）配作装配法

传统的冷冲压模具装配常采用修配、调整的方法进行。配作装配法是在零件加工时只对装配有关的必要部位进行高精度的加工，而孔位精度由钳工进行配作，使各零件装配后的相对位置保持正确关系。图 1—1—2 所示为模具零件之间配钻孔。这种装配方法耗费的工时较多，并且需要操作者具有较高的实践经验和技术水平。

（2）直接装配法

随着模具加工技术的飞速发展，近年来已经逐步采用数控技术及计算机辅助加工系统，因而对模具零件可以进行高精度的加工。而且，模具的检测系统日益完善，使装配工序变得越来越方便。模具装配时，只需将加工好的零件直接组装起来，经少量调试就能满足装配要求。

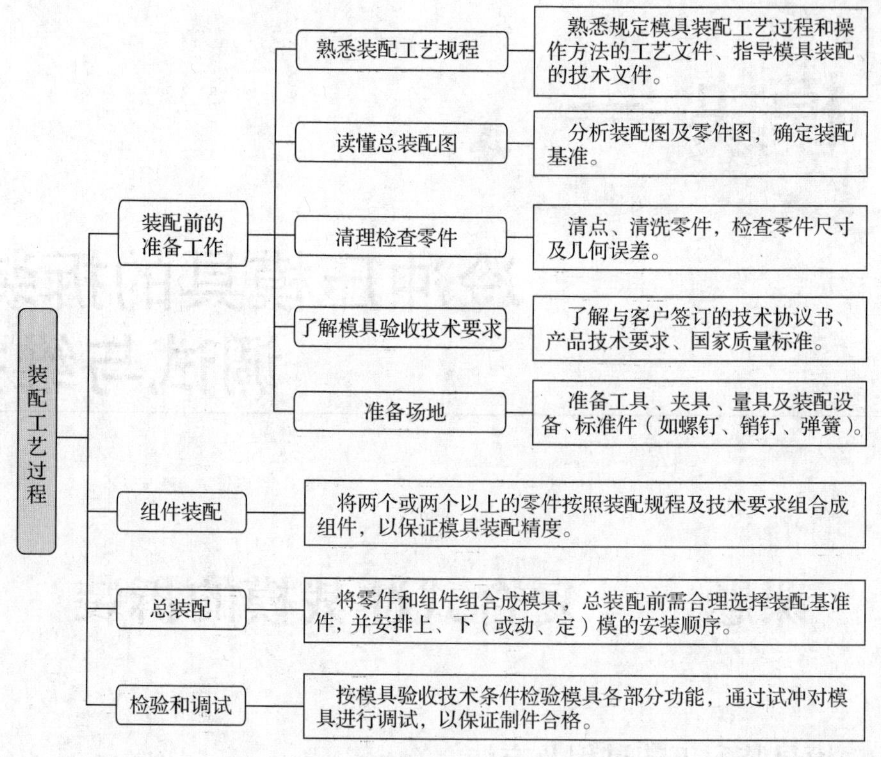

图 1—1—1　模具的装配工艺过程

直接装配法是将所有零件的型孔、型面及安装孔，完全按图样加工，装配时只要把零件连接起来即可。图 1—1—3 所示为模具零件各自加工后直接装配。这种装配方法简便迅速，且便于零件的互换，但装配精度取决于零件的加工精度。因此，需要有高精度的加工设备及测量装置才能保证模具的质量。

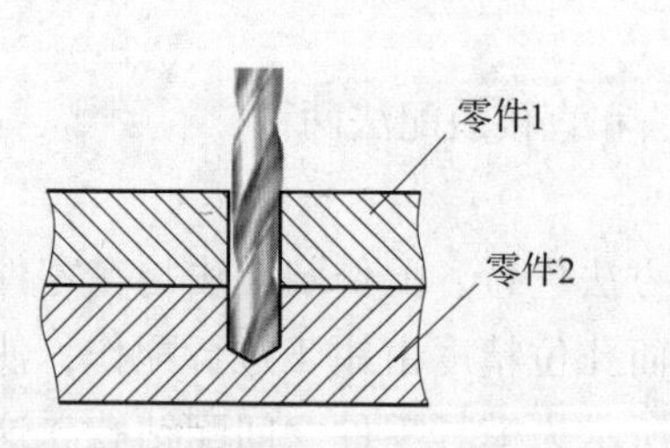

图 1—1—2　模具零件之间配钻孔

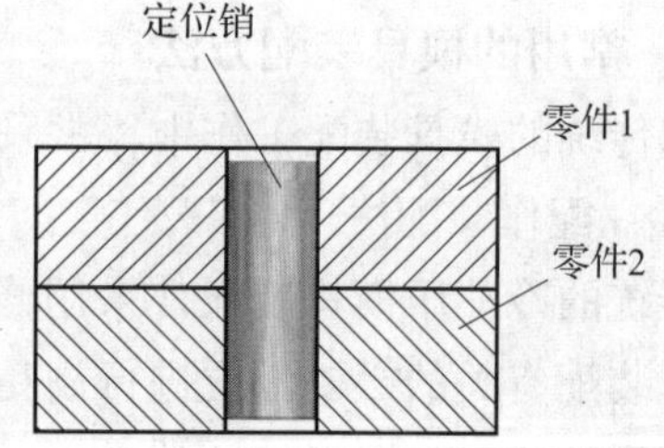

图 1—1—3　模具零件各自加工后直接装配

二、模具拆卸的一般原则和注意事项

1. 模具拆卸的一般原则

（1）模具拆卸前

模具拆卸前，可以对照模具的装配图、零件图及模具实物，按照以下几个方面做好准备工作：

1）分析并确定模具类型。

2）分析并确定模具被加工零件的几何形状及尺寸、精度等。

3）分析模具的工作原理，如模具的浇注系统类型或成型部件类型、分型面及分型方式、顶出方式等。

4）分析和确定模具各个零部件的名称、作用和相互配合关系等。

5）在拆卸前，分析并确定可拆卸件和不可拆卸件，制订拆卸方案。

（2）模具拆卸过程中

模具拆卸时，应该针对具体模具的结构特点，采取相应的拆卸方法和顺序。模具拆卸主要遵循以下原则：

1）模具拆卸时，应尽量使用专用工具，以避免零件在拆卸中发生损伤。

2）模具拆卸时，一般应先拆外部附件，然后再拆主体部件。在拆卸部件或组件时，应按“由外而内，由上而下”的顺序拆卸。

3）拆卸时，应对容易产生位移而又无定位的零件做好标记；各个零件的安装方向应该辨别清楚，并做好相应标记，以免在装配复原时浪费时间。

4）精密的模具零件（如凸模、凹模等成型零部件）应放在专用的盘内或单独存放，以防碰伤工作部位。

5）拆下的零件应尽快清洗，然后涂上防锈油，以免生锈、腐蚀。

2. 模具拆卸的注意事项

（1）要严格按照拆卸方案和顺序实施。如果拆卸顺序倒置或贪图省事而猛敲、猛拆，易造成零件损伤或变形，严重时还将导致模具难以装配复原。

（2）在拆卸模具时可用手或起重设备将模具的某一部分（如冷冲压模具的上模部分、注塑模的定模部分）托住，用木槌或铜棒轻轻地敲击模具的另一部分（如冷冲压模具的下模部分、注塑模的动模部分）的座板，从而使模具分开。不允许用很大的力来敲击模具的其他工作面，或使模具左右摆动，以免对模具的精度产生不良影响。

（3）拆卸连接件时，应用铜棒顶住销钉，用锤子轻敲将其卸除；用扳手卸下紧固螺钉和其他紧固零件。

（4）严禁用锤子直接在零件的工作表面上敲击，或者因为拆卸动作不仔细而碰伤工作零件的表面。

三、冲裁模的装配工艺

1. 装配工艺过程

冲裁模的装配工艺过程遵循模具装配工艺过程的四个阶段，如图 1—1—4 所示。

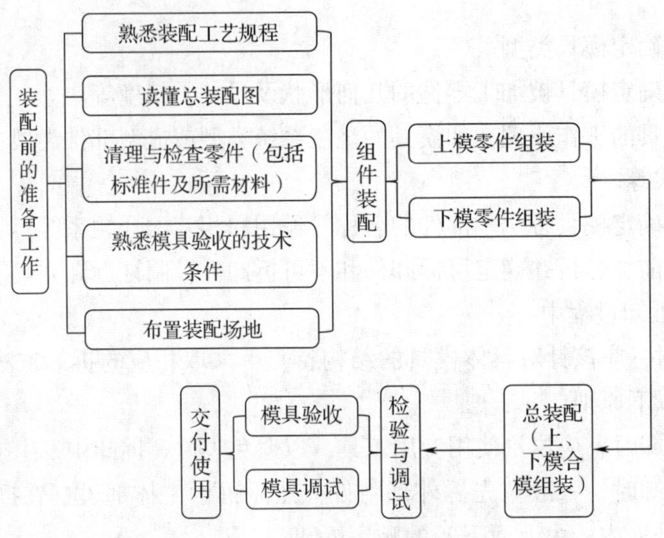

图1—1—4　冲裁模的装配工艺过程

2. 装配要点

在冲裁模制造过程中，要制作出一副合格的冲裁模，除了保证冲裁模零件加工精度外，还需要一个合理的装配工艺来保证冲裁模的装配质量。装配工艺主要根据冲裁模类型、结构而确定。冲裁模装配应遵循以下要点：

（1）要合理选择装配方法

在装配过程中，必须充分地分析冲裁模的结构特点、冲裁模零件的加工工艺和加工精度等因素，以选择最方便、可靠的装配方法来保证冲裁模的质量。例如，在零件加工中，如果模具零件全部采用电火花加工或数控机床等精密设备加工，由于加工出来的零件质量及精度较高，且模架又采用标准模架，则模具可以采用直接装配法；如果模具零件不采用专用设备加工，模架不选用标准模架，则模具只能采用配作装配法。

（2）要合理确定装配顺序

冲裁模的装配过程中，重点要保证凸、凹模的间隙均匀。因此，在装配前必须合理地确定上、下模的装配顺序。否则，在装配后会出现间隙不易调整的问题，给装配带来困难。

在冲裁模装配前，应先选择装配基准件。原则上，基准件按照冲裁模主要零件加工时的依赖关系来确定。装配基准件一般有导向板、固定板、凸模、凹模等。冲裁模装配顺序就是按照基准件来组装其他零件的，其原则是：

1）以导向板（卸料板）作为基准进行装配时，应先通过导向板的导向，将凸模装入固定板，再安装上模板，然后安装凹模及下模板。

2）为了便于准确地调整步距，在装配连续模（级进模）时应先将拼块凹模装入下模板，再以凹模定位反装凸模，并将凸模通过凹模定位装入凸模固定板中。

3）冲裁模装配的关键是合理控制凸、凹模间隙，并使间隙在各方向上均匀。这要根据冲裁模的结构特点、间隙值的大小、装配条件以及操作者的技术水平和实际经验而定。

4）冲裁模装配后，一般要进行试冲。在试冲时如果发现问题要进行必要的调整，直到冲出合格的零件为止。

一般情况下，当冲裁模零件装入上、下模时，应先安装作为基准的零件。通过基准件再依次安装其他零件。当安装完毕，经检查无误后，可以先钻、铰螺钉孔，拧入螺钉，但是不要拧紧，待调整间隙并试冲合格后，再将其紧固。

3. 装配顺序的选择

冲裁模的主要零部件组装后，可以进行总装配。为了使凸、凹模间隙装配均匀，必须要选择好上、下模的装配顺序。

（1）无导向装置的冲裁模

对于上、下模之间无导柱、导套作为导向的冲裁模，其装配比较简单。由于这类冲裁模使用时先安装到压力机上再进行调整，因此其上、下模的装配顺序没有严格要求，一般分别进行装配即可。

（2）有导向装置的冲裁模

有导向装置的冲裁模的装配方法和顺序如下：

1）安装下模。先将凹模放在下模板上；找正位置后，将下模板按凹模孔划线，加工出漏料孔；然后，将凹模用螺钉及销钉紧固在下模板上。

2）装配后的凸模与凸模固定板组合，放在下模上，并用垫块垫起，将凸模导入凹模孔内，找正间隙并使其均匀。

3）上模板、垫板与凸模固定板组合用 C 形夹钳夹紧后取下。钻上模紧固螺钉孔，并将螺钉略微拧一下，但不要拧紧。

4）上模装配后，再将其导套轻轻地套入下模的导柱内。检查凸模是否能自如地进入相应的凹模孔，并调整间隙，使之均匀。

5）间隙调整合适后，将螺钉拧紧。取下上模后再钻销钉孔。打入销钉，接着安装其他辅助零件。

（3）有导柱的复合冲裁模

有导柱的复合冲裁模一般可先安装上模。然后，借助上模中的冲孔凸模（凸凹模）或落料凹模孔，找出下模的凹模或凸模位置，并按凹模孔，在下模板上加工出漏料孔。这样可以保证上模中卸料装置与模柄中心对正，避免漏料孔错位。

（4）有导柱的连续模

为了便于调整准确步距，有导柱的连续模（级进模）一般先装配下模，再以下模凹模孔为基准，将凸模通过刮料板导向，安装到上模中。

各类冲裁模的装配顺序并非一成不变，可根据冲裁模结构和操作者的经验、习惯，按照不同的顺序进行调整。

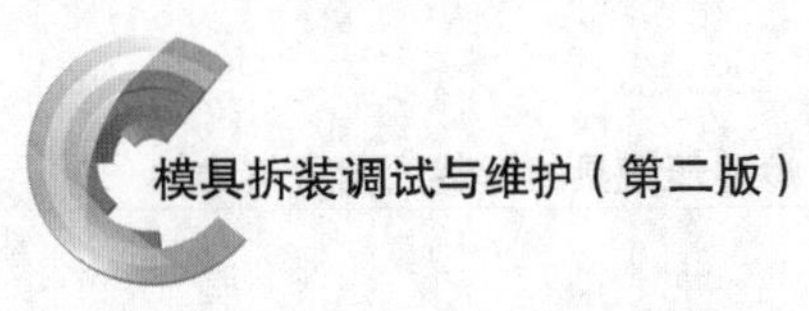

四、复合冲裁模概述

在压力机的一次工作行程中，在模具同一部位同时完成数道分离工序的冲裁模称为复合冲裁模，又称为多工序模。复合冲裁模的结构特征是：在一套模具中有一个凸凹模，它既是落料凸模又是冲孔凹模，或者既是落料凸模又是拉伸凹模等。

复合冲裁模的主要优点是结构紧凑，冲出的制件精度高。但是，其结构复杂，制造难度大，成本高。由于凸凹模刃口形状与工件完全一致，如果制件的孔边距或孔间距过小，则凸凹模的强度差。复合冲裁模适宜冲裁生产批量大、精度要求高、形状复杂且料厚不大于 3 mm 的软料和薄料。

按落料凹模的安装位置不同，复合冲裁模的基本结构形式分为两种：落料凹模安装在下模，称为正装式；落料凹模安装在上模，称为倒装式。

1. 正装式复合冲裁模

图 1—1—5 所示为正装式复合冲裁模及其冲裁件。它的落料凹模在下模，凸凹模装在上模。冲裁后，条料紧箍在凸凹模上，由弹性卸料装置卸下；冲孔废料卡在凸凹模的洞口内，由推件装置推下；制件卡在落料凹模内，由弹顶装置顶出。因为正装式

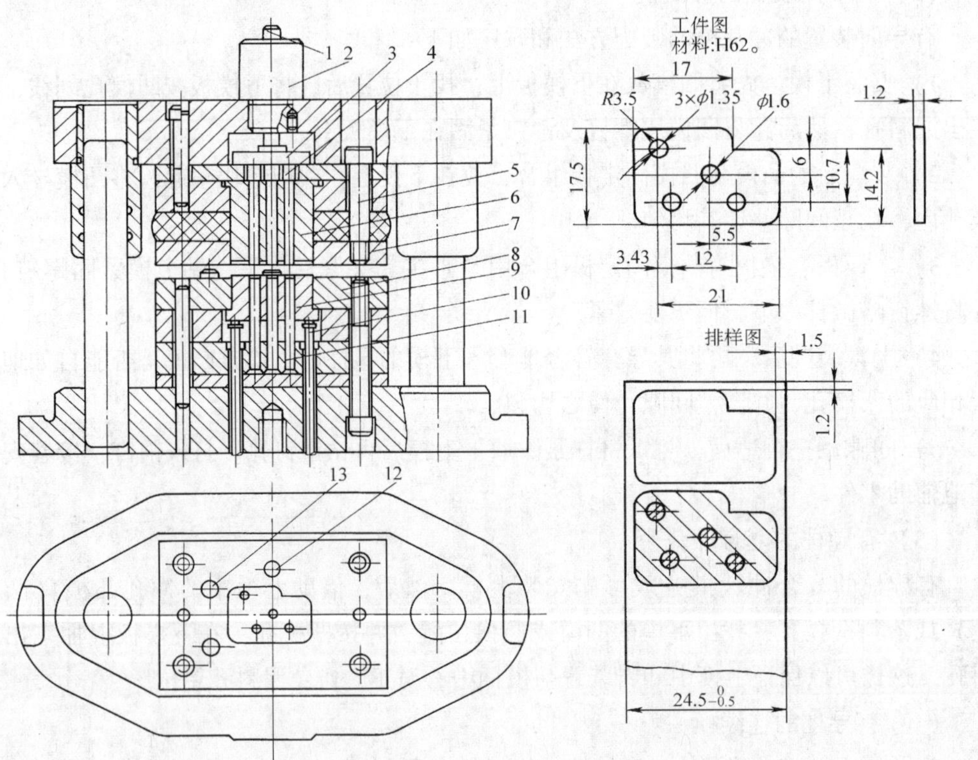

图 1—1—5　正装式复合冲裁模及其冲裁件

1—打杆　2—模柄　3—推板　4—推杆　5—卸料螺钉　6—凸凹模　7—卸料板　8—落料凹模　9—顶件块　10—带肩顶杆　11—冲孔凸模　12—挡料销　13—导料销

复合冲裁模冲裁的制件和废料都落在落料凹模的表面上，所以必须清除后才能进行下一次的冲裁。

正装式复合冲裁模工作时，板料是在压紧的状态下分离，冲出的工件比较平直。但是，由于弹性顶件器和弹压卸料装置的作用，分离后的冲件容易嵌入边料中，影响操作，降低生产效率。

2. 倒装式复合冲裁模

图 1—1—6 所示为倒装式复合冲裁模及其冲裁件。它的落料凹模在上模，紧箍在凸凹模上的条料，由卸料板等组成的弹性卸料装置卸脱；卡在落料凹模内和箍在冲孔凸模上的制件，由推件装置推下；卡在凸凹模洞口内的废料，经由冲孔凸模的推动而漏下。倒装式复合冲裁模适用于平直度要求不高的较厚制件，操作方便、安全，适用于多孔制件的冲裁。

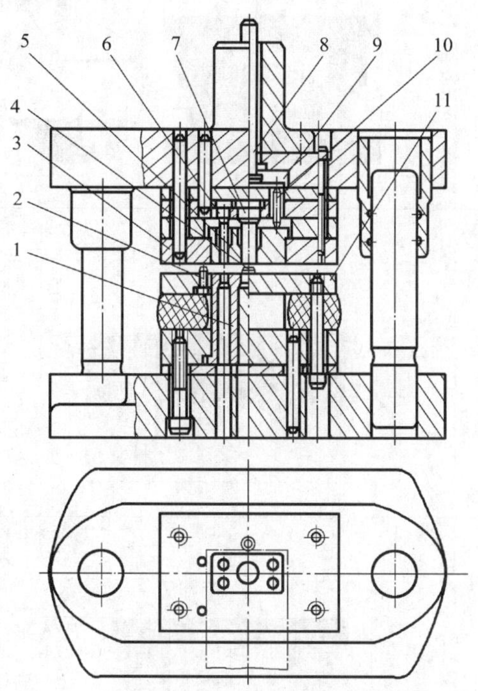

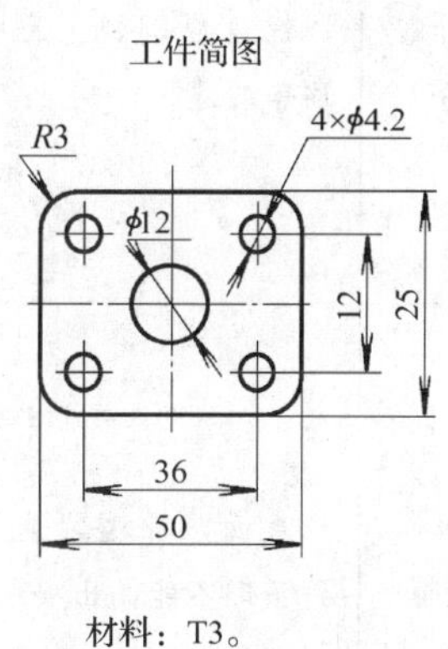

图 1—1—6 倒装式复合冲裁模及其冲裁件

1—凸凹模 2—导料销 3—落料凹模 4—挡料销 5—推板 6、7—冲孔凸模 8—打杆 9—打板 10—推杆 11—弹压卸料板

采用刚性推件的倒装式复合冲裁模工作时，板料不是处在被压紧的情况下冲裁，因而平直度不高。这种结构适用于冲裁较硬的或厚度大于 0.3 mm 的板料。如果在上模内设置了弹性元件（即采用弹性推件），就可以用于冲制材质较软或厚度小于 0.3 mm 且平直度要求较高的冲裁件。

从正装式、倒装式复合冲裁模的结构中可以看出，两者各有优缺点。正装式复合冲裁模较适用于材质较软或板料较薄的平直度要求高的冲裁件，还适用于孔边距离较

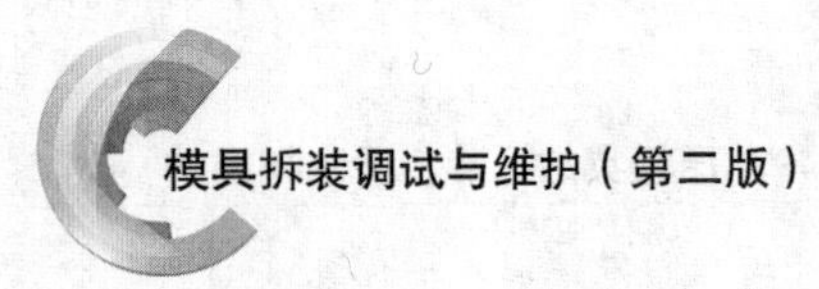

小的冲裁件。而倒装式复合冲裁模的结构简单，又可以直接利用压力机的打杆装置进行推件，卸件可靠，便于操作，所以其应用十分广泛。

五、复合冲裁模的装配技术要求

在冲裁模制造过程中，为使冲裁模确保必要的装配精度，发挥良好的技术状态和维持应有的使用寿命，除保证冲裁模各零件的加工精度外，在装配方面也应保证冲裁模外观和安装尺寸要求，见表 1—1—1，以及达到总装配精度要求，见表 1—1—2。

表 1—1—1　冲裁模外观和安装尺寸要求

项目	技术要求	图示
模具外露部分	锐边应倒钝，无明显毛刺、击伤等痕迹	
模具安装面	表面应平整、光滑，螺钉、销钉头部不能高出安装基面	
模具闭合高度	闭合高度不能超过压力机最大行程	
模具编号	装配后，冲裁模侧面应刻有模具编号或产品零件图号	

表 1—1—2　　冲裁模总装配精度要求

项目	技术要求	图示
模具零件的工作表面	不允许有裂纹和机械损伤等缺陷	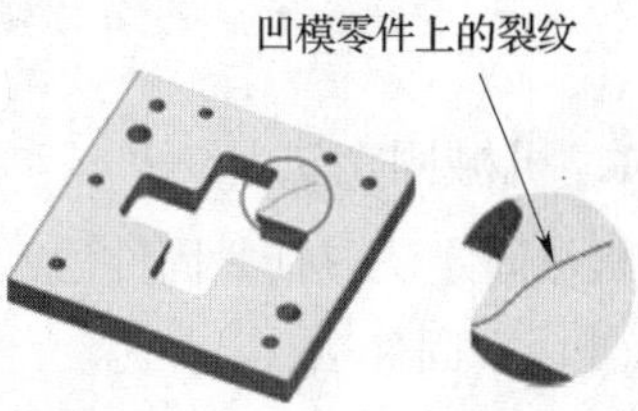 凹模零件上的裂纹
模具零件的位置精度	冲裁模装配后，必须保证模具各零件间的相对位置精度 模板之间要求互相平行，对于冲压制件材料厚度在 0.5 mm 以内的冲裁模，平行度应不大于 0.14 mm/300 mm	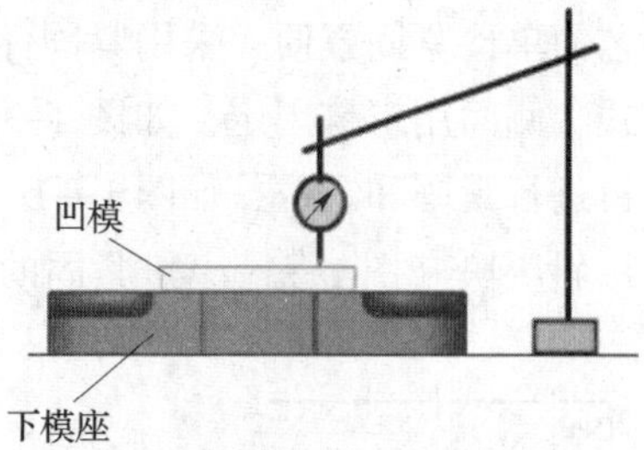 凹模 下模座
模具的活动零部件	应保证位置准确、配合间隙适当、动作可靠、运动平稳	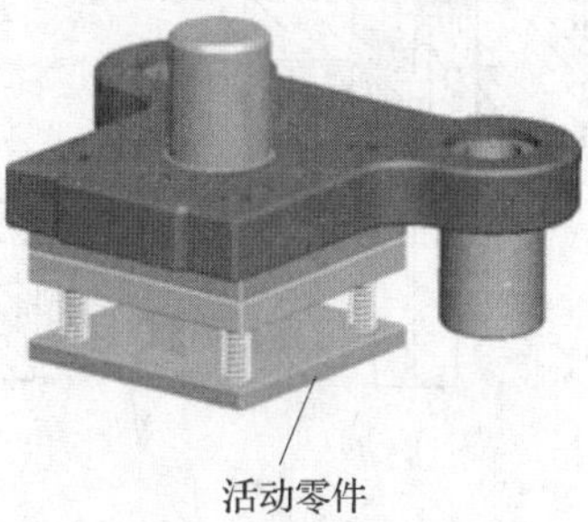 活动零件
模具的紧固零件	应固定可靠，不允许出现松动和脱落现象	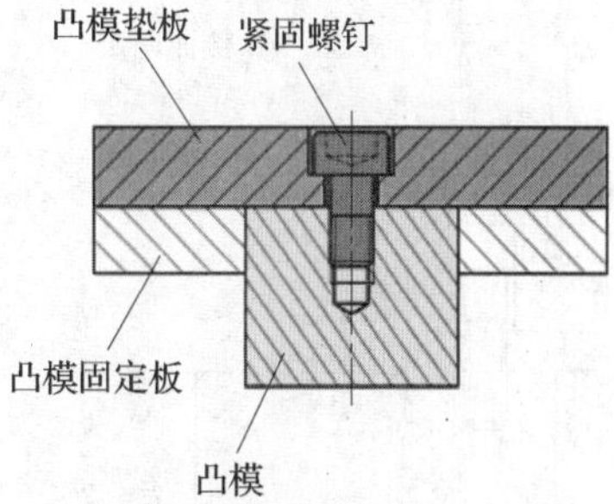 凸模垫板 紧固螺钉 凸模固定板 凸模
配合间隙	模具在装配后，凸模与凹模的配合间隙应均匀；上模座沿着导柱上下移动时，应平稳、无滞涩现象，且配合间隙在移动范围内应不大于 0.05 mm	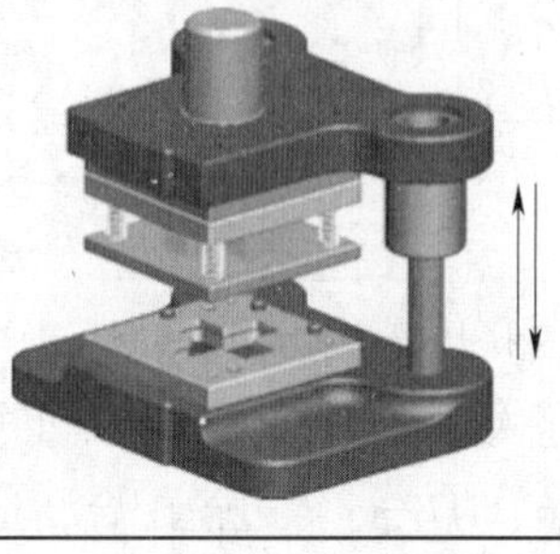

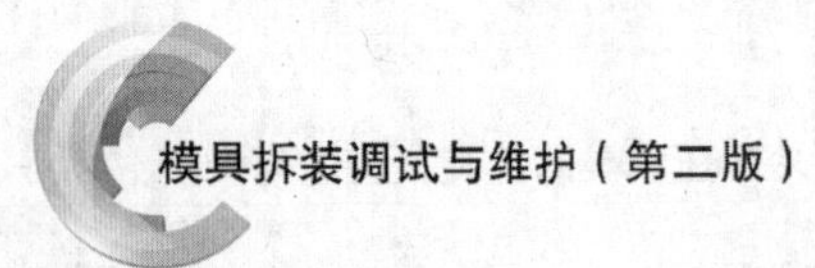

六、冲裁模凸、凹模的固定方法

根据模具凸、凹模的设计结构要求，固定方法分为机械固定法和物理固定法两类。

1. 机械固定法

机械固定法包括紧固件法和压入法两种。

（1）紧固件法

紧固件法是利用紧固零件（螺钉、定位销等）将模具零件固定的方法。其特点是工艺简单，紧固方便。采用紧固件法固定时，凸模和凹模与固定板孔采用 H7/m6 配合形式，侧面用螺钉固定，如图 1—1—7a、b 所示。大尺寸的凸、凹模直接用螺钉、圆销钉进行紧固和定位，如图 1—1—7c、图 1—1—8 所示。硬质合金凸模和凹模可用螺钉—斜压块（图 1—1—9）紧固的方式。

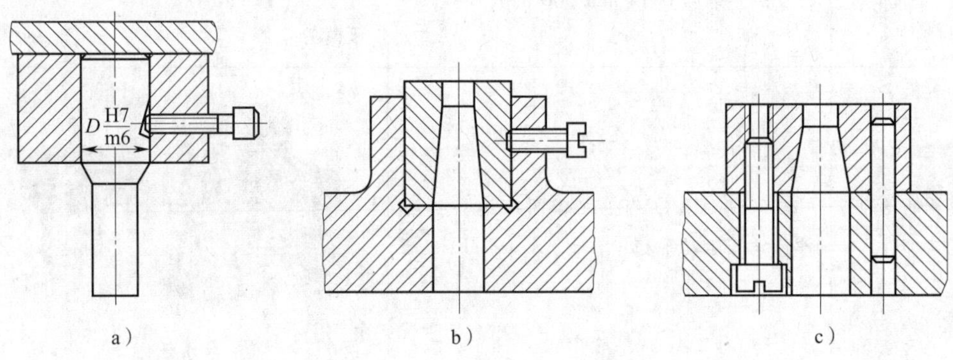

图 1—1—7　紧固件固定凸、凹模

a）侧面固定凸模　b）侧面固定凹模　c）螺钉、销钉固定凹模

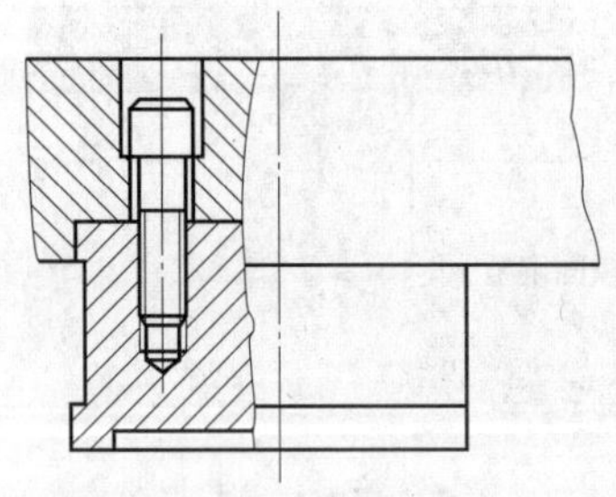

图 1—1—8　大、中型凸模固定

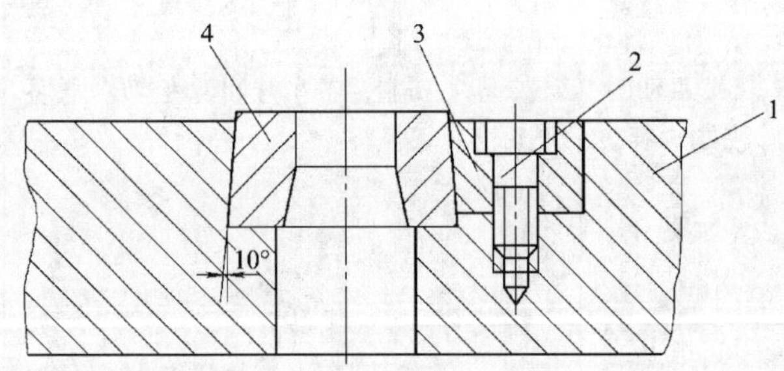

图 1—1—9　螺钉—斜压块紧固凹模

1—模座　2—螺钉　3—斜压块　4—凸凹模

（2）压入法

压入法是冲压模凸、凹模与固定板间常用的固定连接方法。配合部位采用 H7/m6、H7/n6 等过盈配合，适用于冲裁板厚不超过 6 mm 的冲裁凸模与各类模具零

件。它的优点是牢固可靠，拆装方便；缺点是对被压入的型孔尺寸精度和位置精度要求较高，固定部分应具有一定的厚度，加工成本较高。这种方法适用于大批量生产场合。压入法有台肩固定和铆接固定两种形式，如图 1—1—10 所示。

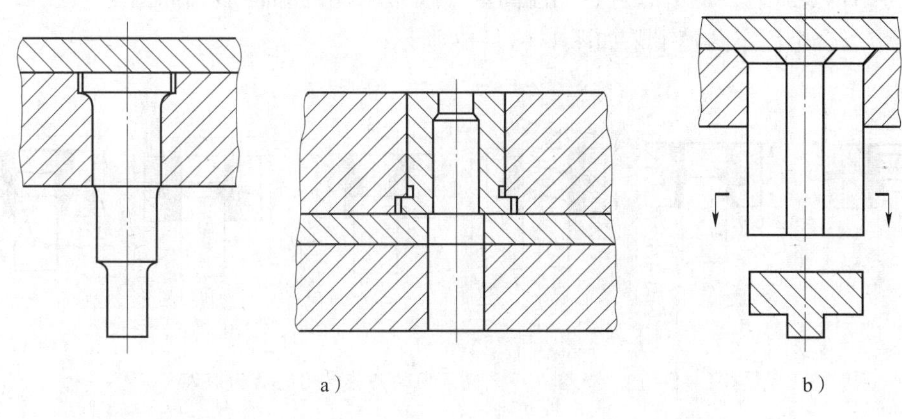

图 1—1—10 压入法固定凸、凹模

a）台肩固定 b）铆接固定

2. 物理固定法

(1) 热套法

热套法是应用金属材料热胀冷缩的物理特性，对模具零件进行固定的方法，如图 1—1—11 所示。这种方法常用于固定凸、凹模拼块及硬质合金凹模和冷挤凹模。

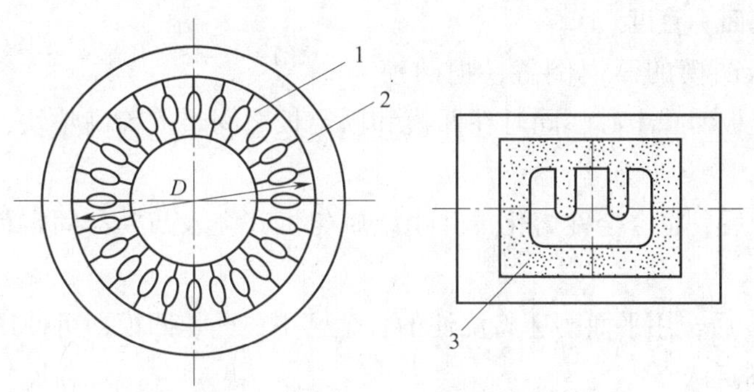

图 1—1—11 热套法固定模具零件

1—拼块 2—套圈 3—硬质合金凹模

(2) 冷胀法

冷胀法又称为低熔点合金固定法。它是利用低熔点合金冷凝时体积膨胀的特性来紧固零件。低熔点合金法可以减少调整凸、凹模的位置精度和间隙均匀性的工作量，主要用于凸模、凹模、导柱和导套，适用于多凸模、复杂小凸模和冲裁厚度不超过 2 mm 钢板的凸模的固定。尤其对于大而复杂的冷冲裁模装配，其效果更为显著。

1）特点。这种方法的优点是：工艺简单，操作方便，浇注固定后凸、凹模有足够的强度，而且合金还能重复使用，便于调整和维修；被浇注的型孔及零件的加工精度要求较低，有利于调整凸、凹模间隙，提高模具装配质量。缺点是：浇注前相关零件要加热；模具易发生热变形；耗费贵重金属铋，成本较高。

2）结构及工艺。低熔点合金浇注固定凸模常采用的结构形式如图 1—1—12 所示的。低熔点合金固定凸模工艺如图 1—1—13 所示。

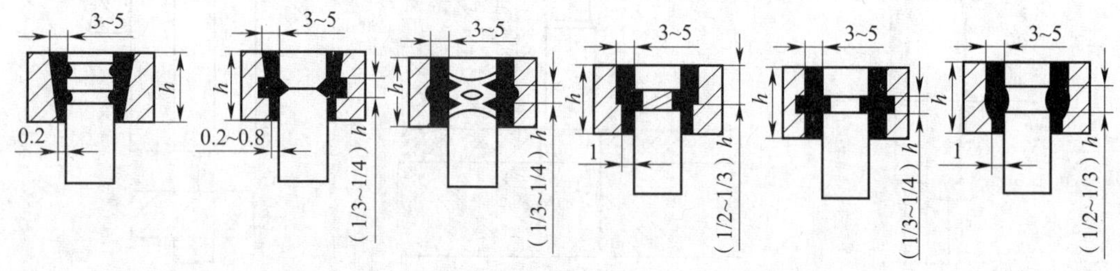

图 1—1—12　低熔点合金浇注固定凸模常用的结构形式

①按凸、凹模间隙要求，在凸模工作部分表面镀铜或均匀涂漆，涂层恰好为间隙值。

②将凸模的浇注部位及凸模固定板型孔清洗干净。

③将凸模轻敲入凹模型孔内，并校正凸模与凹模的基面垂直度。

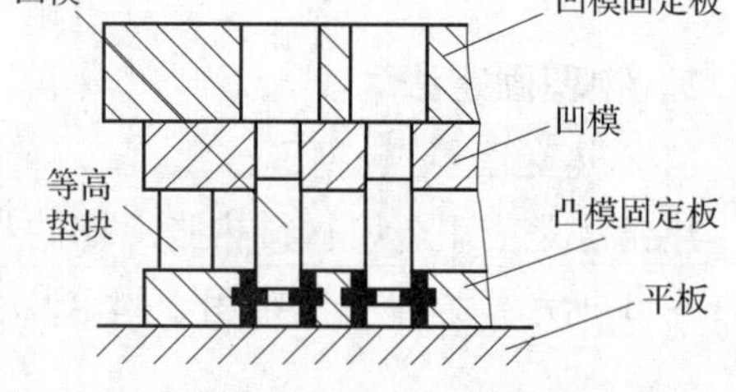

图 1—1—13　低熔点合金固定凸模工艺

④将已插入凸模的凹模倒置，把凸模固定端插入固定板型孔中心，同时在凹模和固定板之间垫上等高垫块，使凸模端面与平台平面贴合。

⑤安装定位后，将合金锭熔化，并用金属勺将其浇入凸模与固定板配合的间隙孔内。

⑥放置 24 h 后，用平面磨床将浇注的合金磨平，凸、凹模即可使用。

（3）黏结固定法

常用的黏结固定法有环氧树脂黏结和无机黏结两种方式，多用于凸模固定，也可用于非标准模架中导柱、导套在模座中的固定。

1）环氧树脂黏结固定法。环氧树脂黏结固定法是将环氧树脂黏结剂浇入固定零件的间隙内，经固化后固定模具零件的方法。

①特点。环氧树脂黏结固定凸模的方法与低熔点合金浇注固定凸模相似。它们的区别在于：采用环氧树脂黏结固定法时，凸模与固定板的浇注间隙要大些，一般单面间隙为 1.5 ~2.5 mm。

②结构及工艺。环氧树脂黏结固定凸模常采用的结构形式与低熔点合金浇注固定凸模的相同。环氧树脂黏结固定凸模工艺如图 1—1—14 所示。

a. 黏结前，应先把凸模和凸模固定板黏结部位的表面清洗干净。

b. 把凸模插入凹模中，垫好垫片，并找正间隙，再插入凸模固定板相应的型孔中。

c. 把调配好的环氧树脂倒入固定板和凸模的间隙槽内，并使其均匀分布。此时，可将上模合上并将凸模敲到底。

d. 浇注环氧树脂黏结剂 24 h 后，模具即可使用。

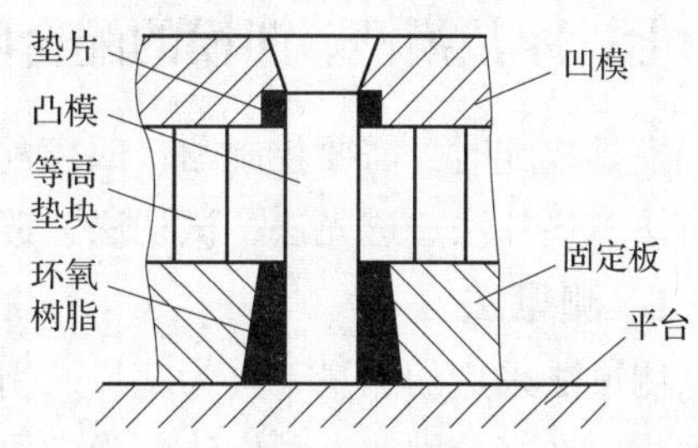

图 1—1—14 环氧树脂黏结固定凸模工艺

2）无机黏结固定法。无机黏结固定法是采用氢氧化铝的磷酸溶液与氧化铜粉混合为黏结剂，填充在被固定零件的间隙间，经化学反应固化，从而使零件固定的方法。

①特点。工艺简单，黏结度高，结构不变形，耐高温及不导热等；但是，使用该方法固定的凸模结构本身有脆性，不宜承受较大的冲击负荷。

②结构及工艺。无机黏结剂固定凸模常采用的结构如图 1—1—15 所示。这种固定法只适用于冲裁力较小的薄板料冲裁模。无机黏结剂固定凸模工艺如图1—1—16 所示。

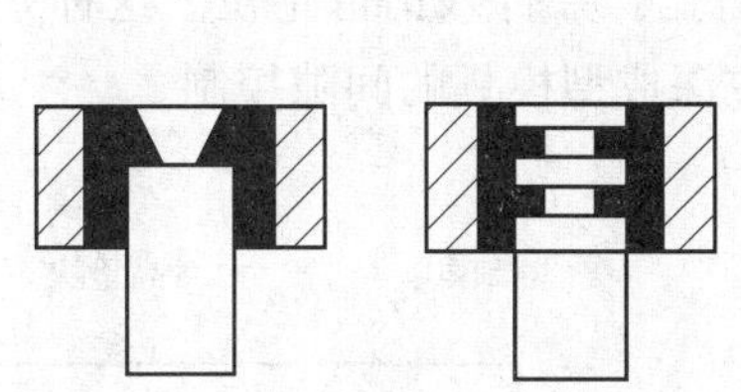

图 1—1—15 无机黏结剂固定凸模常采用的结构

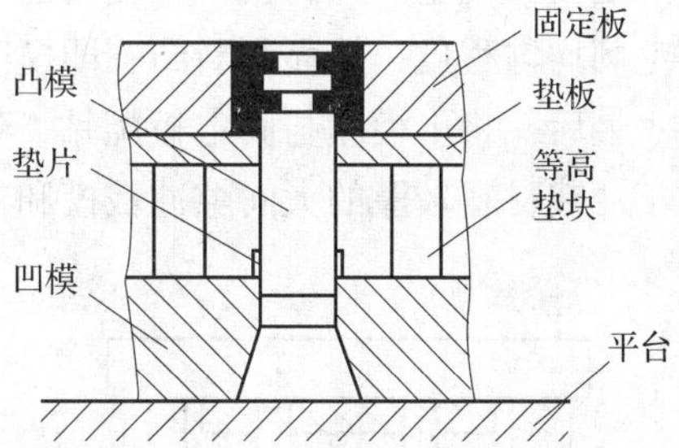

图 1—1—16 无机黏结剂固定凸模工艺

a. 可用丙酮、甲苯等化学试剂清洗黏结表面，并应彻底清除油污、灰尘、锈斑等。

b. 将冲裁模各有关零件按装配要求进行安装、定位。

c. 将调制好的黏结剂涂于各黏结表面。在零件黏结在一起时，可上、下移动一下，以排除气体和填充间隙。

d. 黏结后在室内先固化 2 h 左右。然后，再将其加热到 60 ~ 80℃，保温 2 ~ 3 h 即可使用。

黏结时，应保证模具零件原来已定位的位置。黏结部分未完全固化前，不要随意移动各零件。

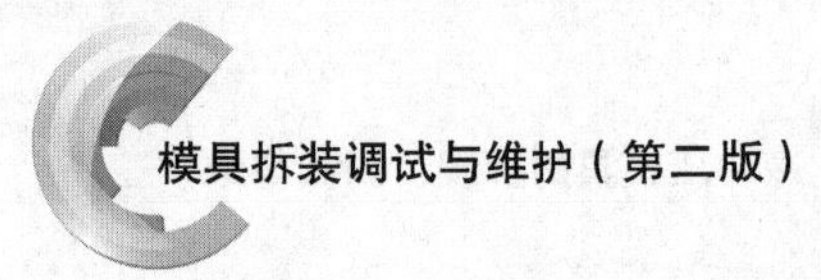

七、冲裁模凸、凹模的配合间隙控制方法

模具装配时，需要控制凸、凹模配合间隙。控制凸、凹模配合间隙的常用方法有测量法、垫片法、透光法、试切法、镀金属法、工艺尺寸法。

1. 测量法

测量法采用的测量工具为塞尺。用塞尺测量法（图 1—1—17）调整后的凸、凹模间隙均匀性好，因此这种方法较为常用。装配时，将凸模和凹模分别用螺钉固定在上、下模板的适当位置，通过导向装置，将凸模插入凹模内。根据凸、凹模间隙的大小选择不同规格的塞尺插入凸、凹模间隙中，检查凹模刃口周边各处间隙。根据测量结果，通过敲击凸模固定板进行调整，直至间隙均匀。然后，拧紧螺钉，配作销孔及打入销钉。

这种方法适用于凸、凹模间隙小于 0. 02 mm 的装配，有时也用于冲裁材料较厚的大间隙冲裁模的间隙控制。

2. 垫片法

垫片法（图 1—1—18）调整间隙方法简便，应用广泛。将厚度均匀且厚度值等于间隙值的纸片、金属片或成型制件放在凹模刃口四周的位置，将等高垫块垫好。慢慢合模，使凸模进入凹模刃口内，观察凸、凹模的间隙状况。如果间隙不均匀，敲击凸模固定板来调整间隙，直至均匀为止。拧紧上模固定螺钉。放纸试冲，观察切纸上四周毛刺均匀程度，从而判断凸、凹模间隙是否均匀，再调整间隙直至冲裁毛刺均匀为止。最后，将上模座与固定板配钻、铰定位销孔，并打入销钉定位。这种方法广泛适用于冲裁材料较厚的大间隙冲裁模和弯曲、拉深成型模具的间隙控制。

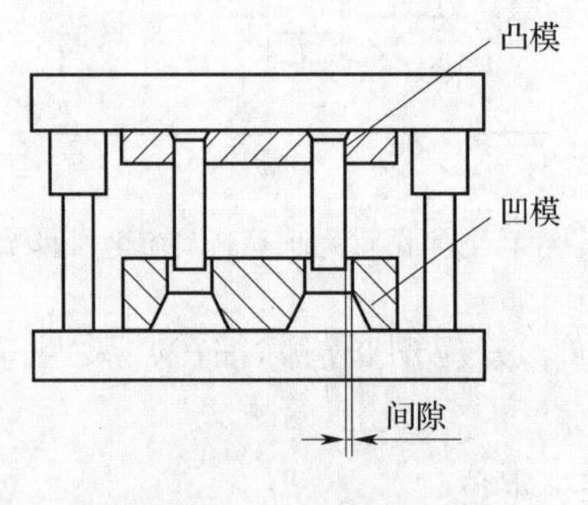

图 1—1—17　测量法

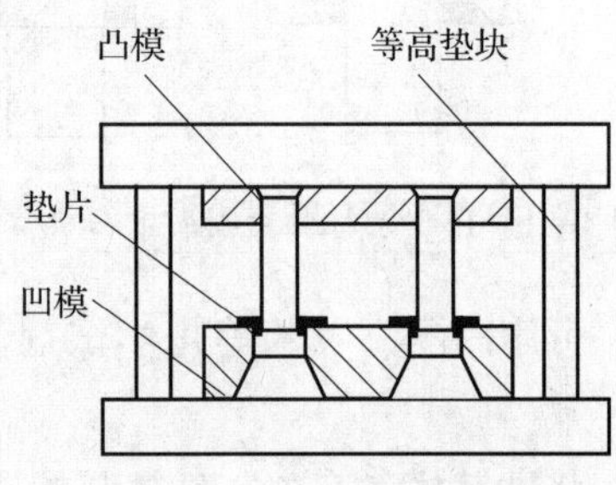

图 1—1—18　垫片法

3. 透光法

透光法如图 1—1—19 所示。将凸、凹模合模后，用灯光从底面照射，以肉眼观察凸、凹模刃口四周的光隙大小，来判断冲裁间隙是否均匀。如果间隙不均匀，再进行调整、固定、定位。这种方法适用于薄料冲裁模。

4. 试切法

当凸、凹模的间隙小于 0. 1 mm 时，装配后可试切纸或薄板。观察试切下来的制件（图 1—1—20）周边的毛刺是否均匀一致，以此判断间隙的均匀程度，并做适当调整。

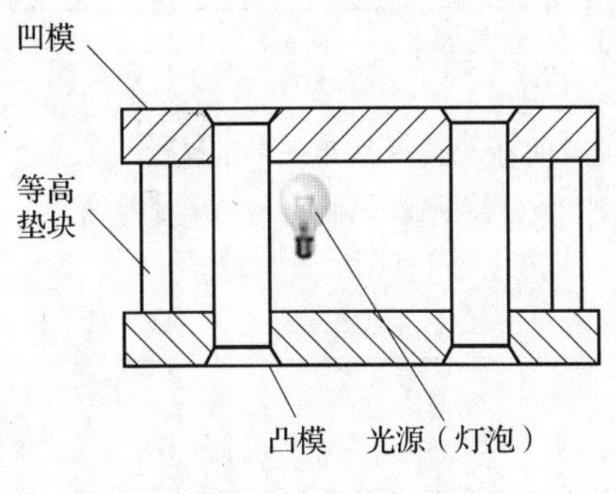

图 1—1—19 透光法

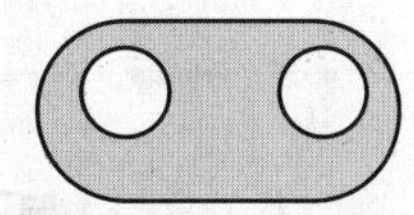
图 1—1—20 试切下来的制件

5. 镀金属法

对于形状复杂、凸模数量较多的冲裁模，可以将凸模表面镀上一层金属（如镀铜或锌）来代替垫片，如图 1—1—21 所示。镀层在装配后不必去除，冲裁时可自行脱落。这种方法镀层均匀，可提高装配间隙的均匀性，适用于形状复杂、凸模数量较多的小间隙冲裁模。

6. 工艺尺寸法

工艺尺寸法如图 1—1—22 所示。制造凸模时，将凸模长度适当加长。加长部位的截面尺寸按照凹模孔的实测尺寸进行零间隙配合加工。装配时，将凸模插入凹模，然后装配、调整、定位和固定，从而形成均匀的间隙，最后将加长部分磨去。这种方法主要适用于易加工的圆形凸模冲裁模。

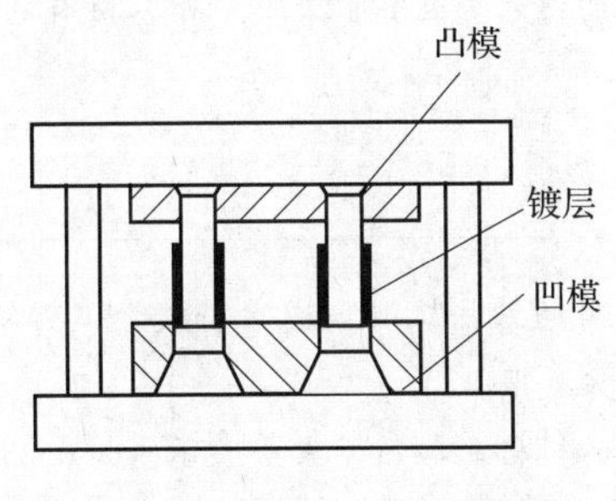

图 1—1—21 凸模镀金属

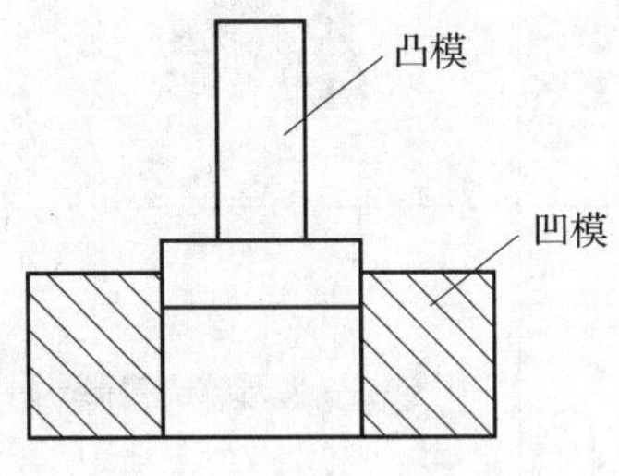

图 1—1—22 工艺尺寸法

八、拆装模具的常用工具

拆装模具的常用工具、图示及说明见表 1—1—3。

表 1—1—3　　模具拆装常用工具

名称	图示	说明
一字螺钉旋具	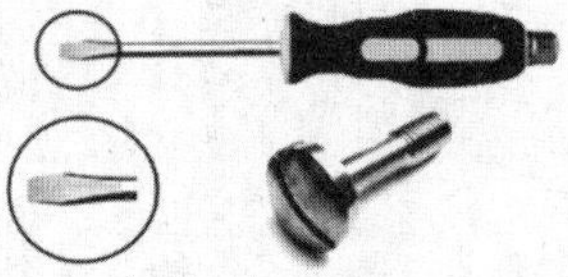	主要用于旋紧或松开一字槽螺钉 使用时，应根据螺钉沟槽的宽度选用
十字螺钉旋具	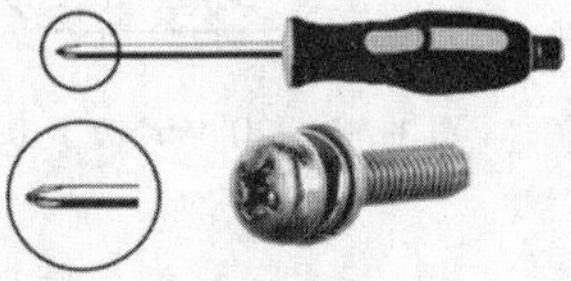	主要用于旋紧或松开十字槽螺钉 其优点是旋具不易从十字槽中滑出
活扳手		其开口宽度可以在一定范围内调节，可用于拆装螺母和螺栓
内六角扳手		主要用于装拆内六角螺栓 成套的内六角扳手可以拆装 M4 ~ M30 的内六角螺栓
锤子		是常用的敲击工具，通常用碳素工具钢制成，并经淬火处理 锤子的规格用其质量大小表示，如 0.25、0.5、1 kg 等。锤柄长约 350 mm
铜棒	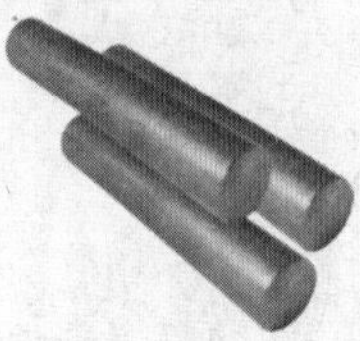	可用锤子敲击铜棒装配过盈配合量较小的模具零件

续表

名称	图示	说明
台虎钳		是用于夹持工件的通用夹具，规格以钳口的宽度表示，有 100 mm、125 mm、150 mm 等规格
手动压力机		常用于手动装配过盈配合量较大且装配精度要求较高的模具零件
等高垫铁		其上、下工作面互相平行且相邻工作面互相垂直。等高垫铁用于机械零件划线，也可作为机械加工基准工具
C 形夹钳		用于夹紧工件，保证被夹紧的两零件之间无位置变动，广泛应用于模具拆装

技能训练

图 1—1—23 所示为链板冲裁模装配图。链板冲裁模属于复合冲裁模，用于加工链板零件。本训练要完成该冲裁模的拆卸操作与装配操作。

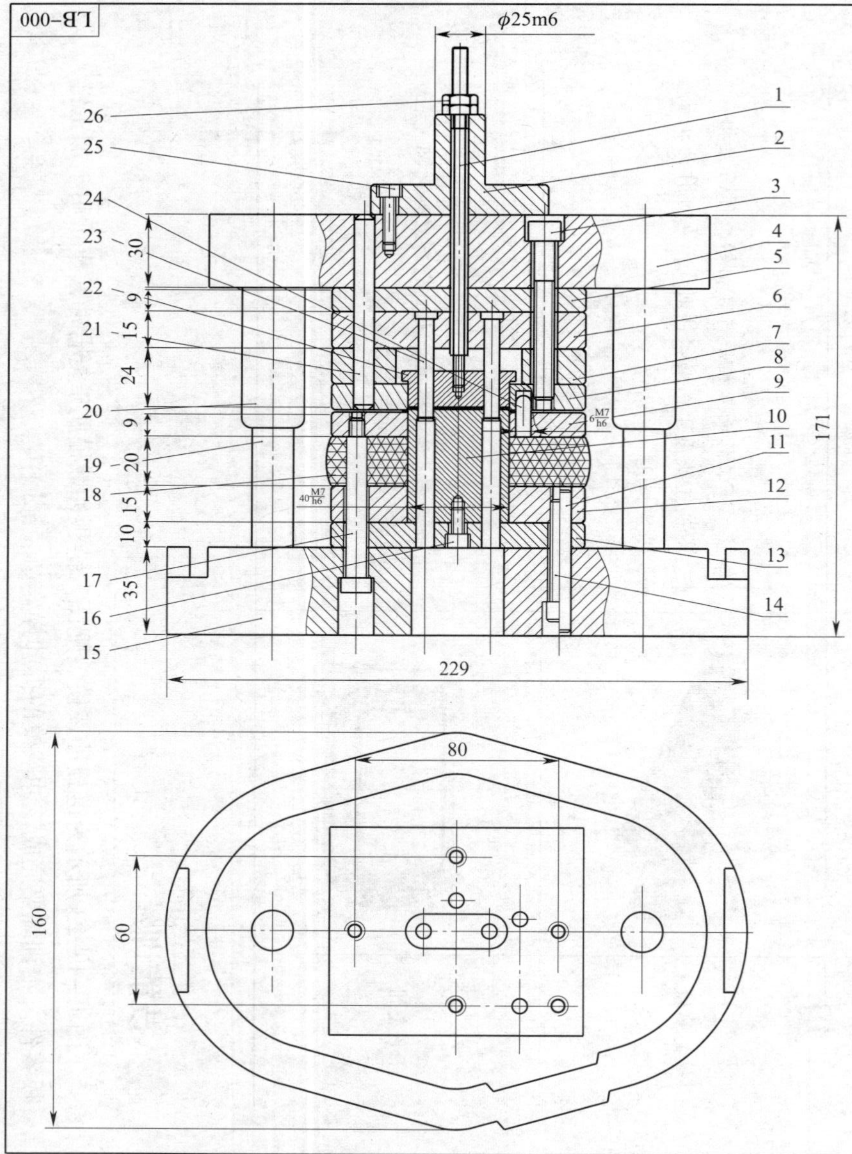

技术要求

1. 零件在装配前必须清理和清洗干净，不得有毛刺、飞边、氧化皮、锈蚀、切屑、油污、着色剂和灰尘等。

2. 装配前应对零部件的主要配合尺寸，特别是过盈配合尺寸及相关精度进行复查。

3. 螺钉紧固时，严禁打击或使用不合适的旋具和扳手。紧固后螺钉头部不得损坏。

4. 工作零件间的配合间隙应不大于0.03。

5. 装配后定位用圆柱销不得在孔中松动。

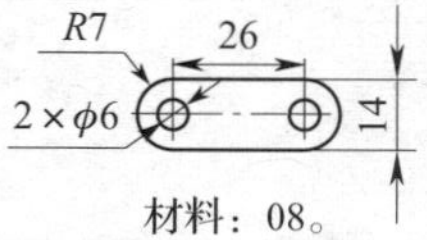

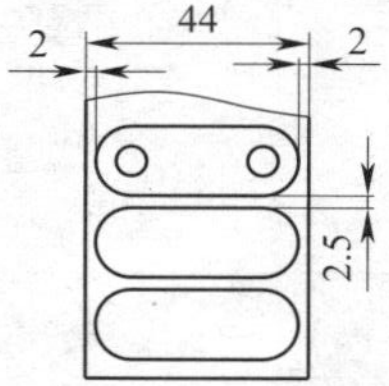

序号	名称	数量	材料	备注
26	调节螺母	2	Q235	
25	内六角螺钉	3	45	
24	导料销ϕ6m7×15	3	45	
23	圆凸模	2	Cr12	50~55 HRC
22	推件块	1	T10A	50 HRC
21	圆柱销ϕ8m6×75	2	45	
20	导套	2	20Cr	渗碳55~60 HRC
19	导柱	2	20Cr	渗碳55~60 HRC
18	橡胶板	1	橡胶	
17	卸料螺钉M6×45	2	45	
16	内六角螺钉M5×12	1	45	
15	下模座	1	HT200	
14	内六角螺钉M8×40	4	45	
13	下模垫板	1	45	
12	凸凹模固定板	1	Cr12	30~40 HRC
11	圆柱销ϕ8m6×55	2	45	
10	凸凹模	1	Cr12	50~55 HRC
9	卸料板	1	45	30~40 HRC
8	落料凹模	1	Cr12	50~55 HRC
7	凹模衬板	1	45	
6	圆凸模固定板	1	45	30~40 HRC
5	上模垫板	1	45	
4	上模座	1	HT200	
3	内六角螺钉M8×65	4	45	
2	模柄	1	45	
1	顶杆	1	45	

标记	处数	更改文件名	签名	日期				××模具制造厂
设计		标准化			图样标记	质量	比例	链板复合冲裁模
审核							1:1	LB−000
工艺		批准			共 张		第 张	

图 1—1—23　链板冲裁模装配图

一、链板冲裁模的拆卸操作

拆卸链板冲裁模时，所用工具、设备及用品包括活扳手、内六角扳手、锤子、铜棒、一字旋具、十字旋具、C 形夹钳、手动压力机、等高垫块等。链板冲裁模的拆卸操作见表 1—1—4。

表 1—1—4　链板冲裁模的拆卸操作

工序	工步	具体操作	图示
拆调节螺母	—	用活扳手拆卸调节螺母	 调节螺母
拆模柄	—	用内六角扳手拆卸模柄。拆卸时，逆时针旋转模柄与上模架连接的三枚内六角螺钉	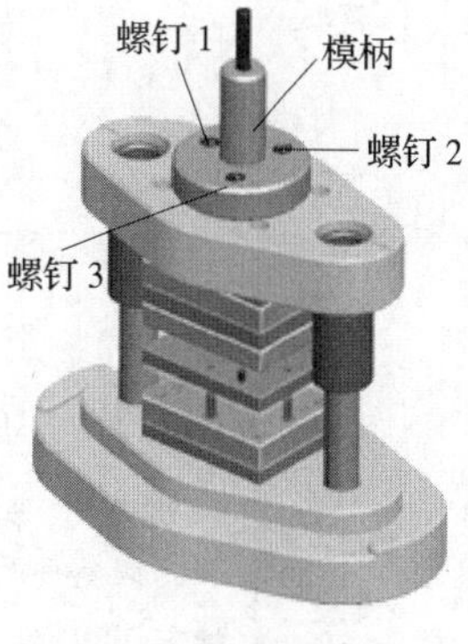 螺钉 1 模柄 螺钉 2 螺钉 3
拆顶杆	—	逆时针旋转顶杆，直至顶杆与顶件块脱离，即可将顶杆从上模座中取出，使上、下模组件分离	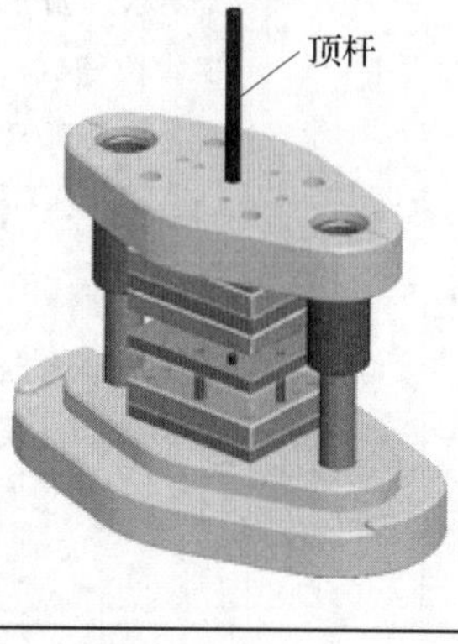 顶杆

续表

工序	工步	具体操作	图示
拆卸下模组件	拆卸料板	用内六角扳手逆时针旋转四枚卸料螺钉	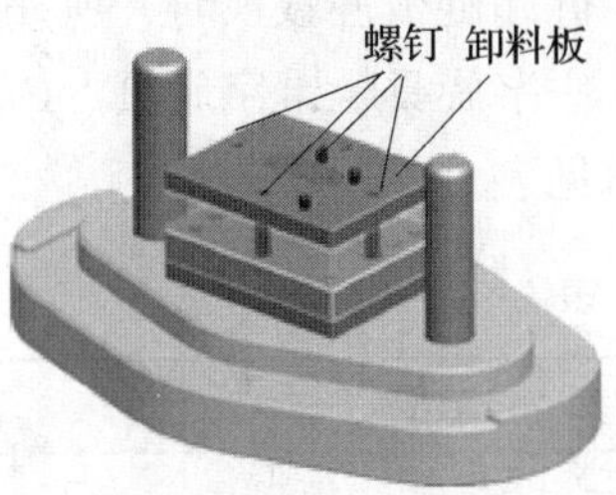 螺钉 卸料板
	拆导料销	将卸料板与导料销组件放置在两个等高垫块上 使用锤子、铜棒将这三个导料销慢慢敲下	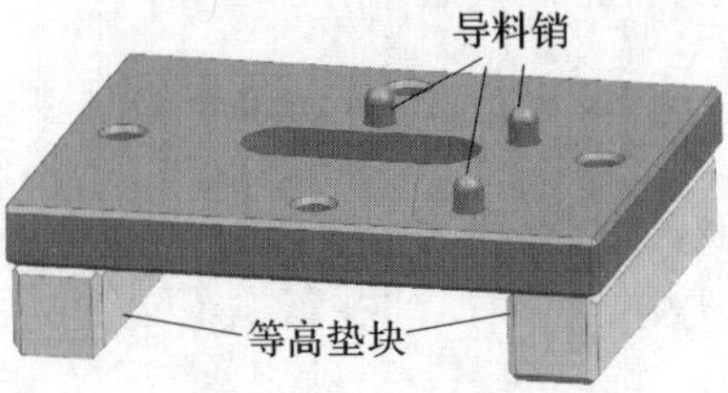 导料销 等高垫块
	拆弹性橡胶板	徒手将弹性橡胶板从凸凹模上取下	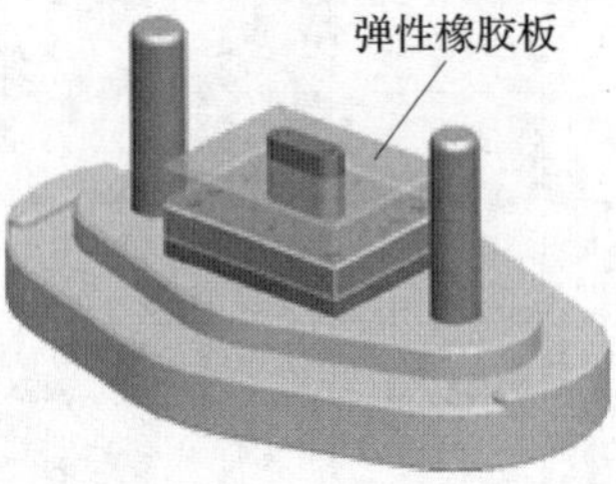 弹性橡胶板
	拆下模座	首先，将下模组件放置在两个等高垫块上 其次，将 φ6 mm 圆柱销放置在下模座的 φ8 mm 圆柱销上表面。同时，用锤子、铜棒将两个 φ8 mm 圆柱销慢慢敲击拆下 再次，用内六角扳手逆时针旋转并拆下四枚螺钉。至此，下模座已经与装配组件完全脱离	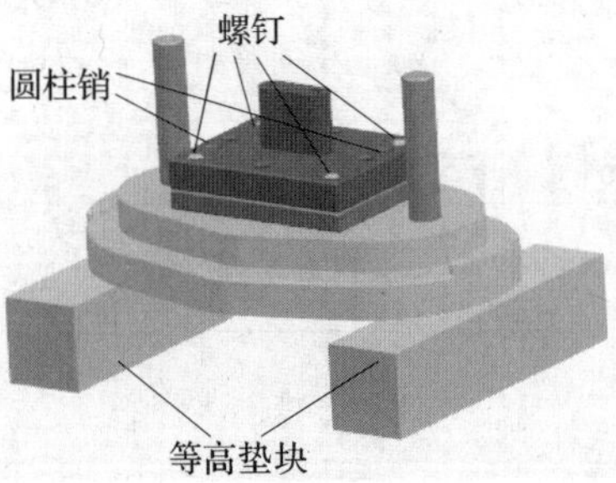 螺钉 圆柱销 等高垫块
	拆凸凹模	用内六角扳手拆凸凹模固定螺钉，并将下模垫板取下	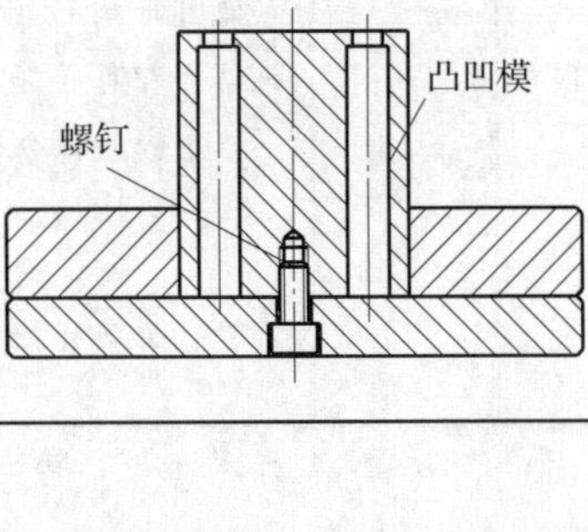 凸凹模 螺钉

续表

工序	工步	具体操作	图示
拆卸下模组件	拆凸凹模	首先，将凸凹模与其固定板装配组件放置在两个等高垫块上 然后，用锤子、铜棒敲击凸凹模，使其慢慢脱离固定板	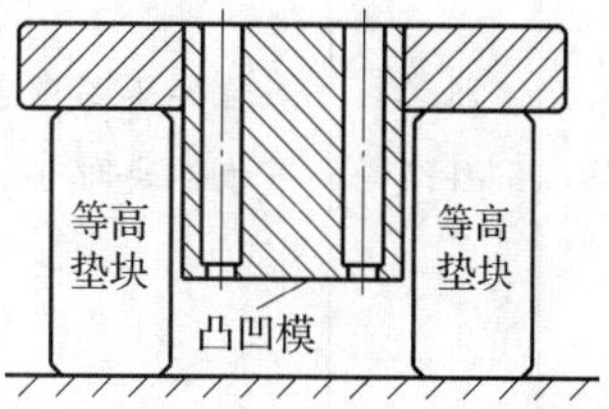
拆上模组件	拆上模座	首先，将上模组件放置在两个等高垫块上 其次，将 $\phi 6$ mm 圆柱销放置在上模座的 $\phi 8$ mm 圆柱销上表面。同时，用锤子、铜棒慢慢敲击，将两根 $\phi 8$ mm 圆柱销拆下 再次，使用内六角扳手逆时针旋转并拆下四枚螺钉。至此，上模座与装配组件完全脱离	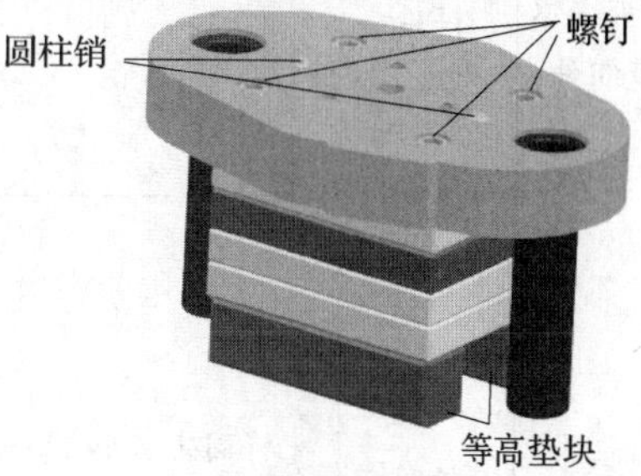
	拆上模垫板	徒手将其与上模座组件拆下即可	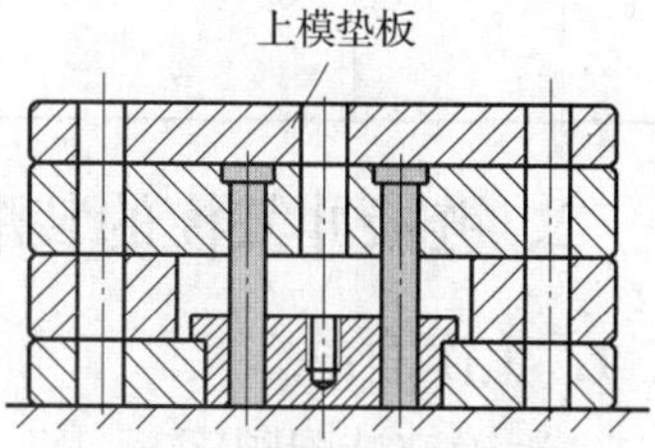
	拆落料凹模	落料凹模与推件块为间隙配合，徒手即可将落料凹模拆下	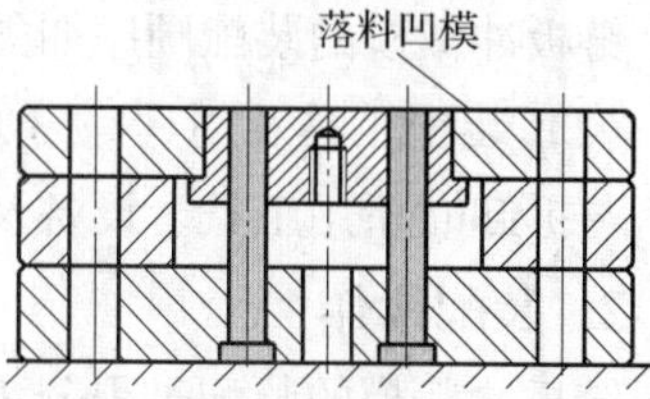

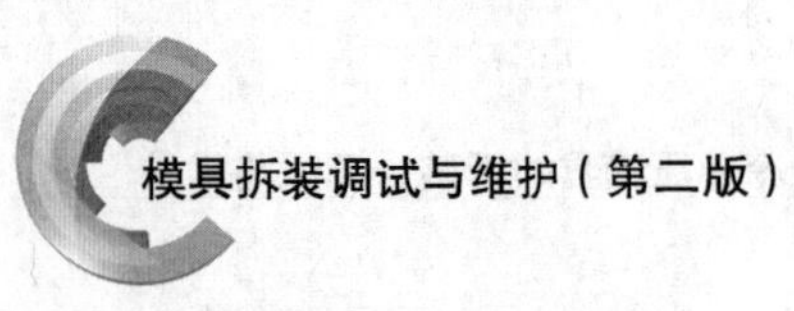

续表

工序	工步	具体操作	图示
拆上模组件	拆推件块	推件块与圆凸模为间隙配合，徒手拆下推件块即可	推件块
	分离凹模衬板	徒手将凹模衬板与固定板分离	凹模衬板
	拆圆凸模	将固定板和圆凸模的装配件放置在两个等高垫块上，然后，用锤子、铜棒将圆凸模慢慢敲下	圆凸模 固定板 等高垫块 等高垫块

二、链板冲裁模的装配操作

1. 工作准备

(1) 确定装配顺序

一般情况下，链板冲裁模首先安装凹模，接着找正凸凹模的位置，然后利用凸凹模分别调整落料与冲孔的间隙，并使之均匀，最后安装其他零件。

链板冲裁模的装配顺序如图 1—1—24 所示。

(2) 装配工具及用具

与拆卸时所用工具、设备及用品相同，后续模块和课题中不再重复。

2. 装配操作

链板冲裁模的装配过程分为两个阶段：组件装配和总装配。该模具的装配操作见表 1—1—5。

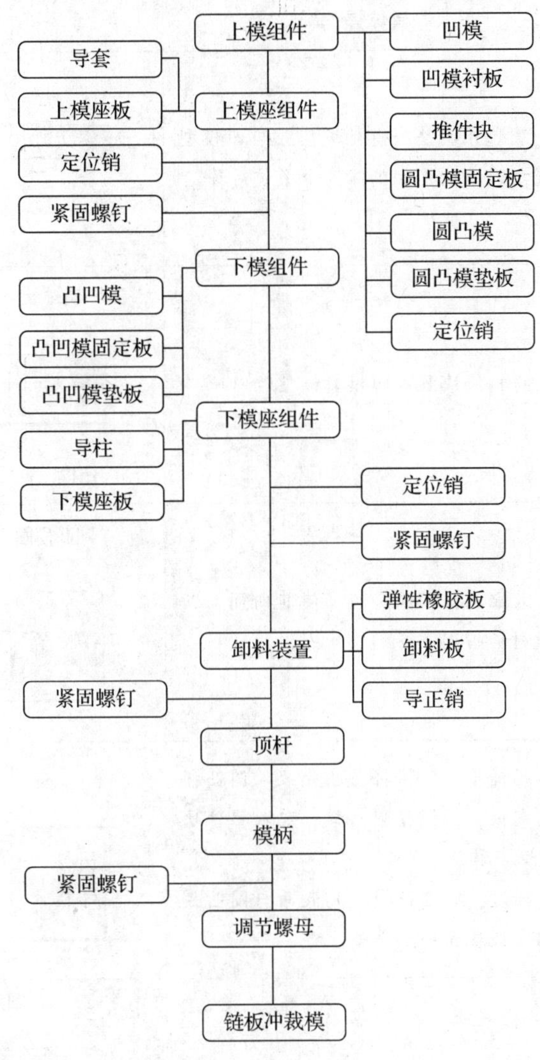

图 1—1—24 链板冲裁模装配顺序

表 1—1—5 链板冲裁模装配过程

总装	组件装配	具体操作	图示
装配上模组件	装凹模	选择凹模作为装配基准件	

续表

总装	组件装配	具体操作	图示
装配上模组件	装凹模衬板	装配并调整凹模衬板型腔与凹模型腔之间的位置，确保两个型腔对称	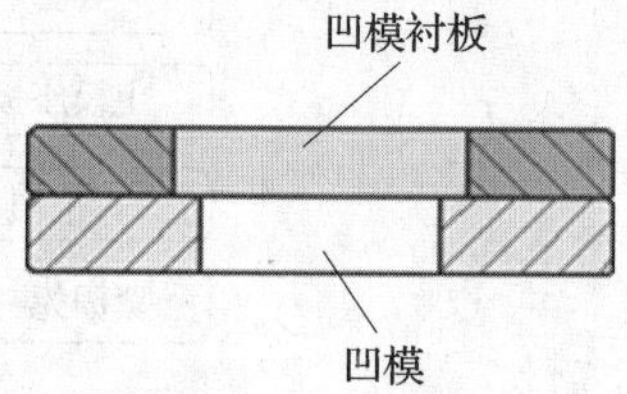
	装推件块	将推件块装入凹模衬板型腔内	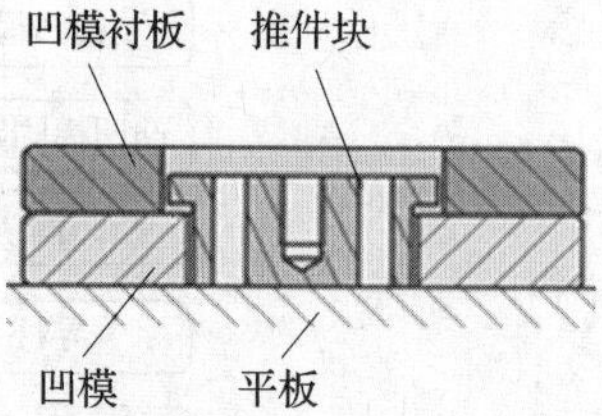
	装圆凸模固定板	装配圆凸模固定板，使其四周与凹模衬板四周平齐	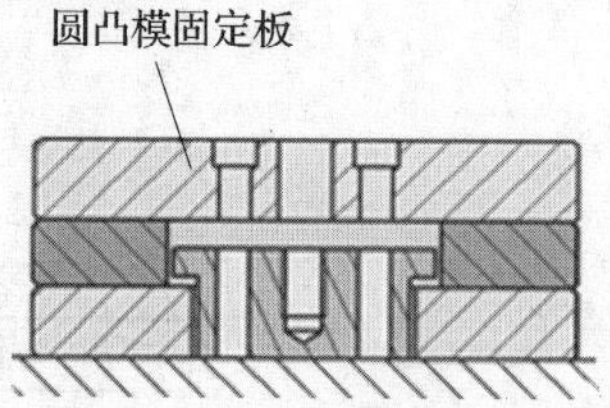
	装圆凸模	用锤子、铜棒将圆凸模装入圆凸模固定板，并调整圆凸模，配入推件块安装孔内 同时，将圆凸模上端表面与圆凸模固定板表面刃磨平整	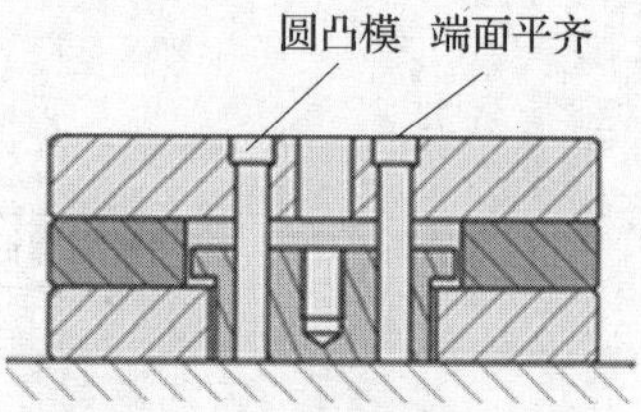
	装圆凸模垫板	安装圆凸模垫板，使其四周与凹模衬板四周平齐	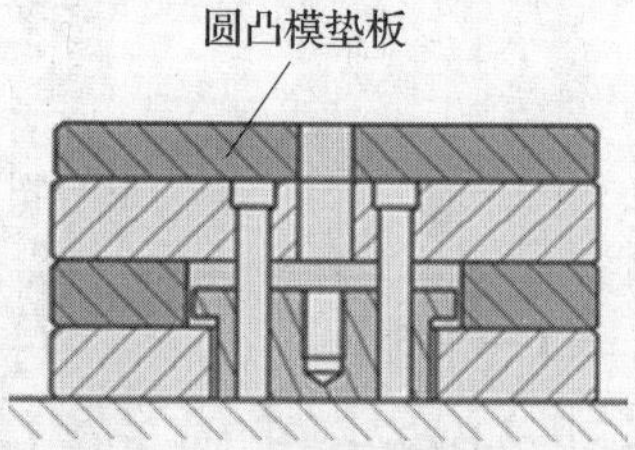
	预装顶杆	将顶杆配入圆凸模垫板中心孔中 同时，将前端螺纹部分旋入推件块螺纹中，调整各模板位置，使模板四周平齐	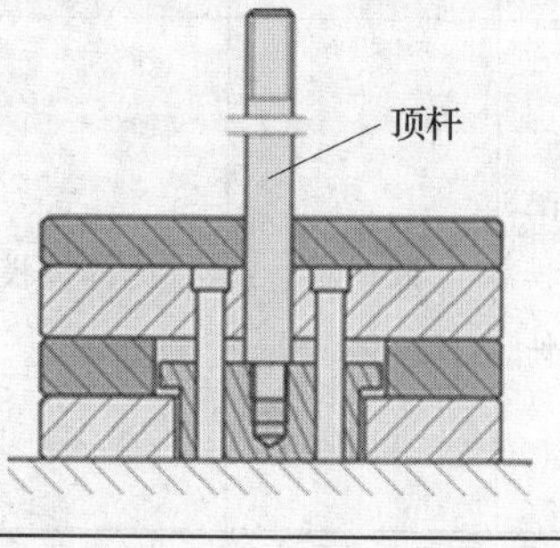

续表

总装	组件装配	具体操作	图示
装配上模组件	装定位销	利用C形夹钳将上述模板夹紧，同钻（或同铰）销孔，并用锤子、铜棒配入定位销	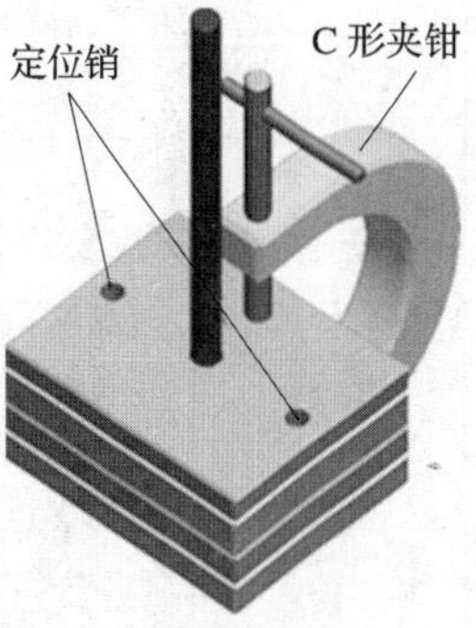 定位销 C形夹钳
装配上模座组件*	—	以上模座板中心孔为基准，将上模座组件与顶杆相配合。用锤子、铜棒装入定位销，用内六角扳手旋进紧固螺钉	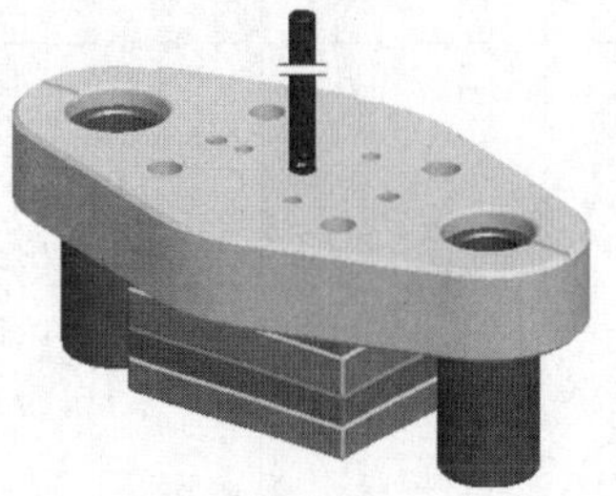
装配下模组件	找正凸凹模的配合位置	用锤子、铜棒将凸凹模刃口配入凹模型腔中，同时与圆凸模相配合，调整落料与冲孔间隙	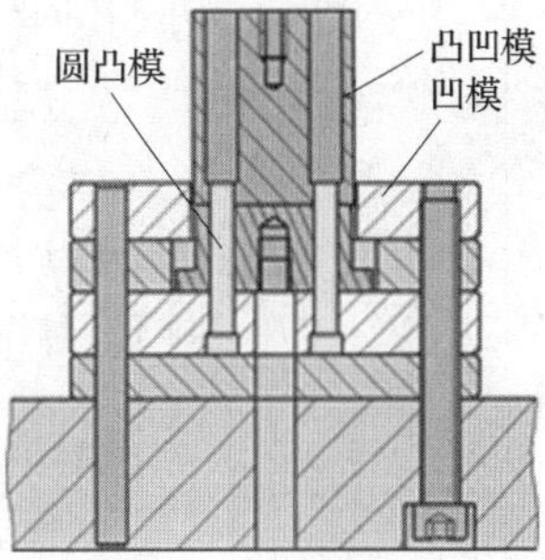 圆凸模 凸凹模 凹模
	装凸凹模固定板	凸凹模固定板与凸凹模为过盈配合。用锤子与铜棒敲击凸凹模，使其慢慢进入凸凹模固定板，保证两者端面平齐	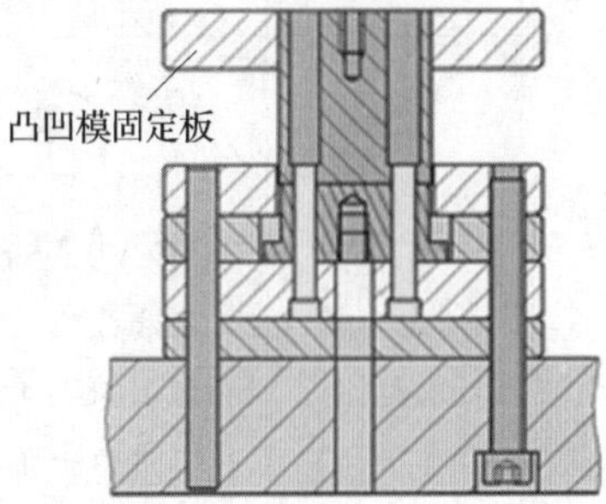 凸凹模固定板

*在装配上模座组件时，如果选用了标准模架，则导套与上模座板装配在一起，不需要再装配。如果自行加工模架，则需要使用手动压力机将导套装入上模座板。

续表

总装	组件装配	具体操作	图示
装配下模组件	装凸凹模垫板	装配凸凹模垫板，并用紧固螺钉使其与凸凹模牢固连接	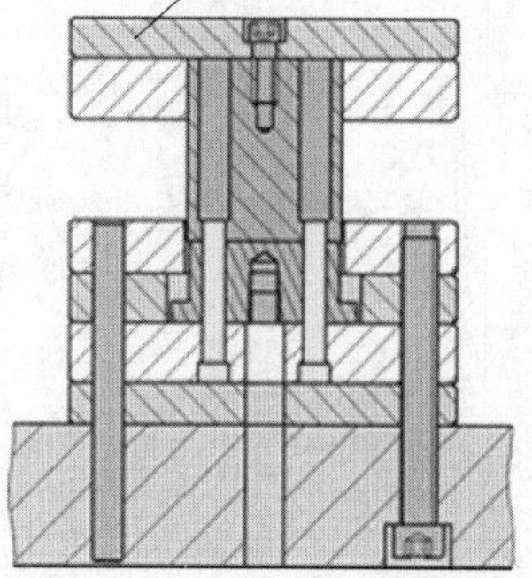
	装导柱	在手动压力机上，将导柱装在下模座板上，保证导柱装配要求	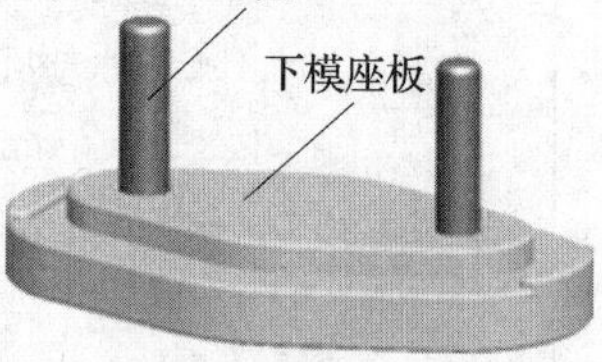
装配下模座组件	装下模座组件	以导柱、导套配合中心为基准，用锤子、铜棒将下模座组件装在下模组件上	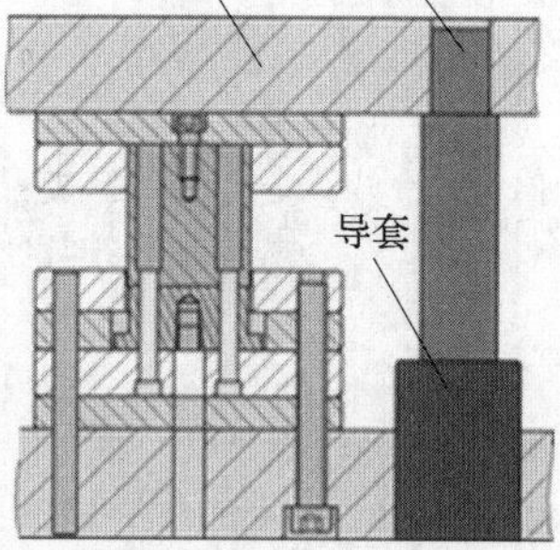
	紧固下模座组件	用C形夹钳夹紧下模座板、凸凹模垫板和凸凹模固定板，同钻定位销孔和螺钉孔。用锤子、铜棒装入定位销，用内六角扳手旋入紧固螺钉	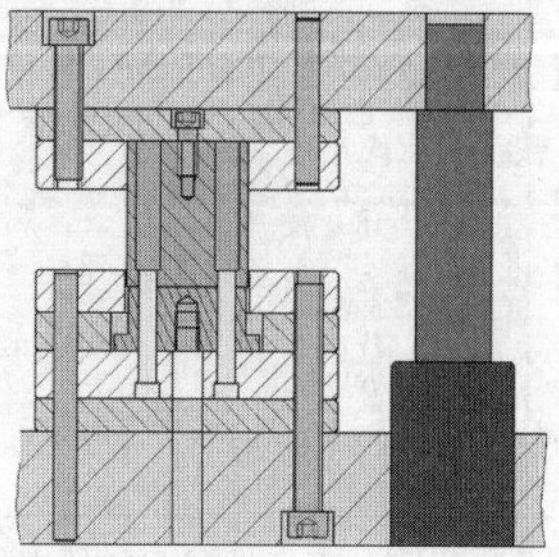

续表

总装	组件装配	具体操作	图示
装配卸料装置	装弹性橡胶板	装入弹性橡胶板，并调整弹性橡胶板四周与凸凹模固定板平齐	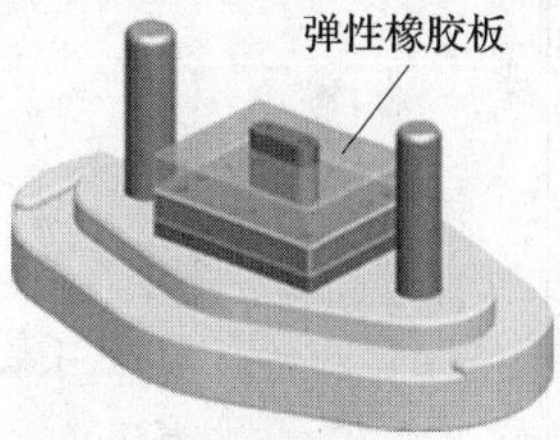
	装卸料板	装入卸料板，调整卸料板型腔孔与凸凹模四周间隙均匀。用内六角扳手旋入紧固螺钉进行紧固	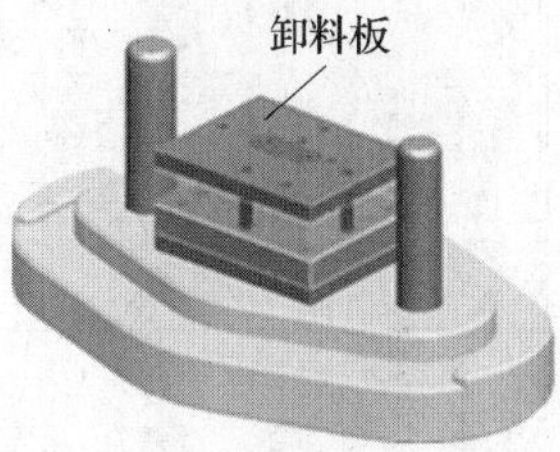
	装导正销	用锤子、铜棒装入导正销，并使导正销中心与凹模上的导正销孔中心对齐	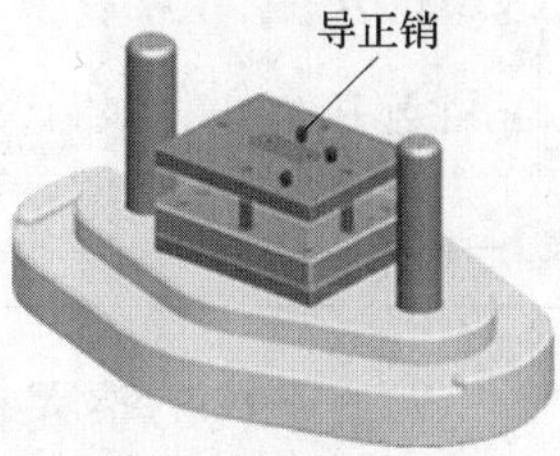
装配上、下模组件	—	以导柱、导套轴线为基准装配	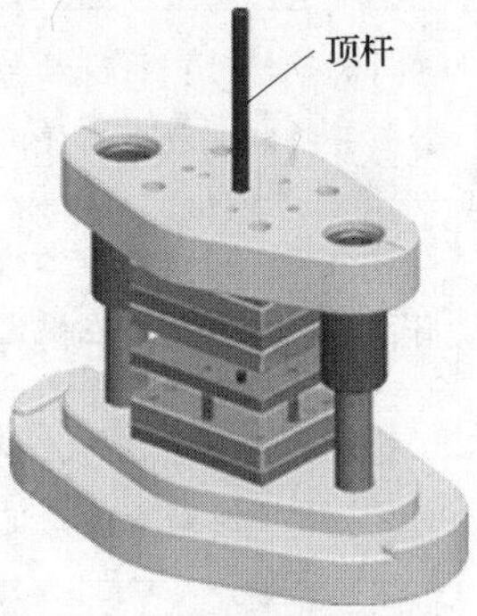
装配模柄	—	装配模柄，并用内六角扳手旋入紧固螺钉进行紧固	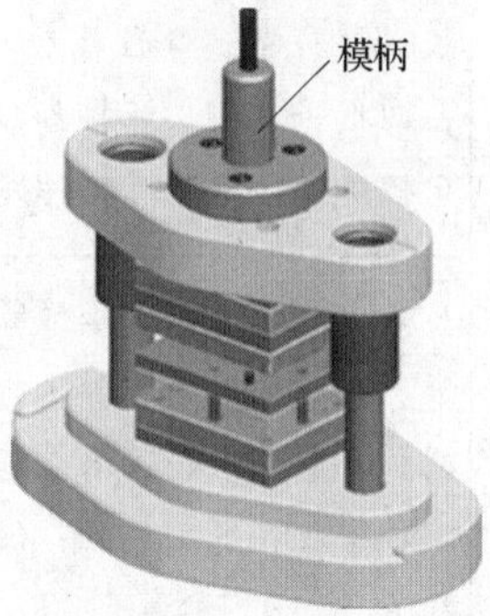

续表

总装	组件装配	具体操作	图示
装配调节螺母	—	用扳手装入调节螺母，并调节顶杆行程	调节螺母

三、评价

链板冲裁模拆卸、装配操作评分标准见表1—1—6。

表1—1—6　　链板冲裁模拆卸、装配操作评分标准

考核项目	考核内容及要求	配分	评分标准	检测结果	得分
拆卸操作	拆调节螺母：将螺母与顶杆完全分离，并将零件放置在规定位置	2	操作不规范，每次扣1分		
	拆模柄：将模柄与上模组件完全分离，并将零件放置在规定位置	3	操作不规范，每次扣1.5分		
	拆顶杆：将顶杆与上模组件完全分离，并将零件放置在规定位置	2	操作不规范，每次扣1分		
	拆下模组件：按正确顺序拆除卸料板、导料销、弹性橡胶板、下模座、凸凹模等零件，并将各零件放置在规定位置；使用工具操作规范	14	拆卸顺序不正确，不得分；操作不规范，每次扣2分		
	拆上模组件：按正确顺序拆除上模座、垫板、落料凹模、推件块、凹模衬板、圆凸模固定板等零件，并将各零件安放在规定位置；使用工具操作规范	10	拆卸顺序不正确，不得分；操作不规范，每次扣2分		

续表

考核项目	考核内容及要求	配分	评分标准	检测结果	得分
装配操作	装配上模组件：按正确顺序装入凹模、凹模衬板、圆凸模固定板、圆凸模垫板、顶杆、定位销等零件；使用工具操作规范	12	装配顺序错误，不得分；操作不规范，每次扣2分		
	装配上模座组件：按正确顺序先装入导套，再将上模组件与上模架固定连接；使用工具操作规范	8	装配顺序错误，不得分；操作不规范，每次扣2分		
	装配下模组件：按正确顺序装入凸凹模及其固定板、垫板等零件；使用工具操作规范	8	装配顺序错误，不得分；操作不规范，每次扣2分		
	装配下模座组件：按正确顺序先装入导柱零件，再将下模组件与下模座组件固定连接；使用工具操作规范	6	装配顺序错误，不得分；操作不规范，每次扣2分		
	装配卸料装置：按正确顺序装入弹性橡胶板、卸料板、导正销等零件；使用工具操作规范	6	装配顺序错误，不得分；操作不规范，每次扣2分		
	装配上、下模组件	3	操作不规范，每次扣1分		
	装配模柄：模柄与上模架连接牢固	4	操作不规范，每次扣1分		
	装配调节螺母：调节螺母与顶杆有效连接	3	操作不规范，每次扣1分		
安全文明生产	正确执行安全操作规程	7	每违反一项规定，扣2分		
	正确穿戴劳保用品（如工作服、工作帽等）	2	穿戴不整齐，不得分		
工时定额	120 min	10	每超过10 min，扣5分；超过30 min，考核不及格		
总计		100			

课题二 多工位级进模的拆装

一、级进模概述

级进模（又称为连续模、跳步模）是指压力机在一次行程中，依次在模具多个不同的位置上同时完成两道或两道以上冲压工序的模具。

1. 常用的挡料销

在级进模上，多工序的不同位置主要依靠各种挡料销来保证。表1—2—1所列为常用挡料销的结构、特征及其应用。

表1—2—1　　常用挡料销的结构、特征及其应用

类型	固定挡料销	
	圆头挡料销	钩形挡料销
图示	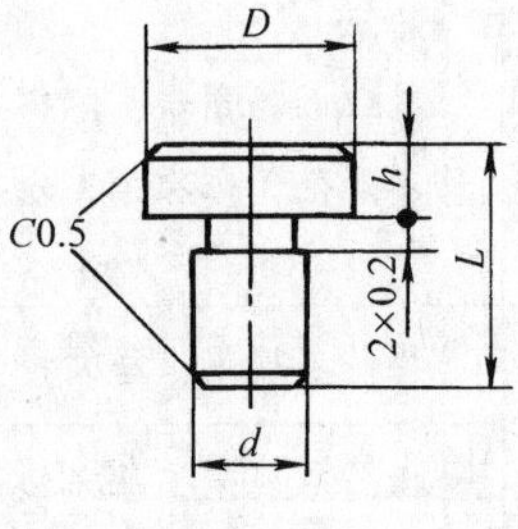	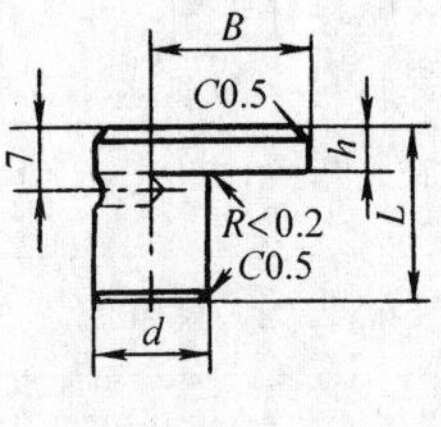
特点	圆头挡料销是国标规定的固定挡料销。优点是结构简单，制造容易；缺点是销孔离凹模刃壁较近，削弱了凹模的强度	钩形挡料销的销孔距离凹模刃壁较远，不会削弱凹模强度。但是，为了防止钩头在使用过程发生转动，需要增加定向销，从而增加了制造的工作量
用途	广泛用于冲制中、小型制件的挡料定距	广泛用于冲制较大、较厚制件的挡料定距

续表

类型	活动挡料销
	回带式活动挡料销
图示	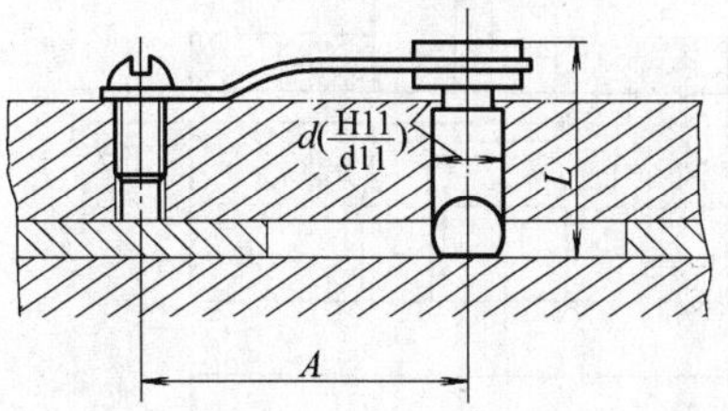
特点	回带式活动挡料销安装在固定卸料板上，条料的进给迫使挡料销抬起，然后挡料销借弹簧压力插入废料孔内，定位时将条料回带
用途	适用于狭窄制件（宽度为 6～20 mm），但在废料搭边强度较差的情况下不宜采用这种挡料装置

类型	活动挡料销	
	隐蔽式活动挡料销	临时挡料销
图示	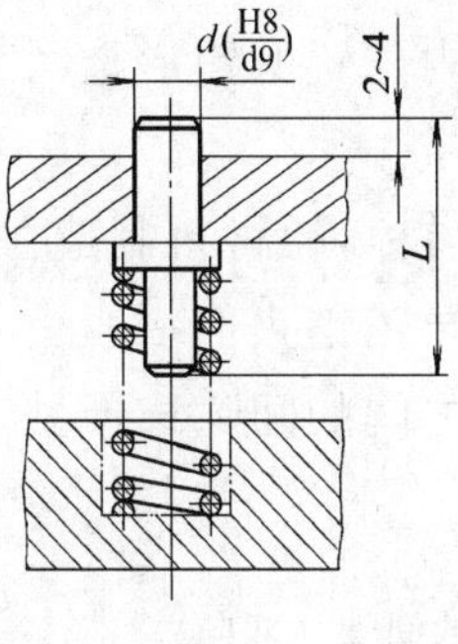	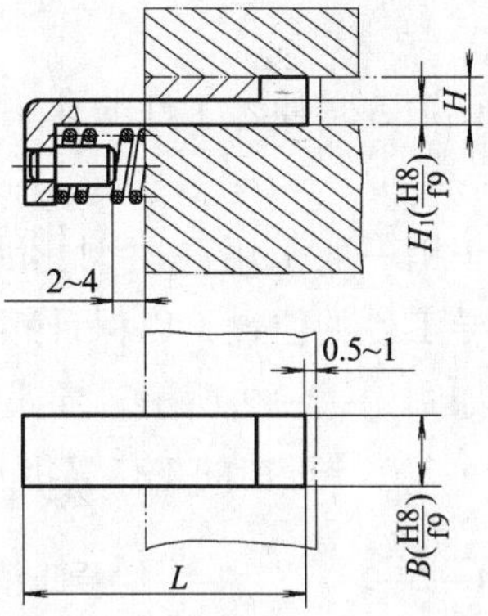
特点	挡料销后端带有弹簧或弹簧片	装在导尺内
用途	常用于凸模装配在下模的场合	用于级进模中条料的首次定位

2. 用导正销定位的级进模

图 1—2—1 所示为用导正销定位的级进模。该模具中除了使用固定挡料销 6 和始用挡料销（即临时挡料销）7 以外，还使用到了导正销 5 定位。

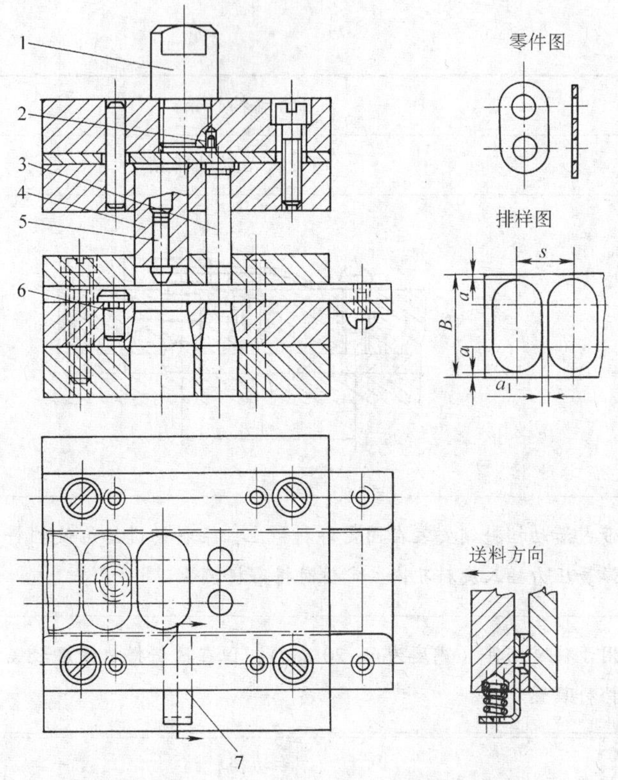

图 1—2—1　用导正销定距的冲孔落料级进模

1—模柄　2—止转螺钉　3—冲孔凸模　4—落料凸模
5—导正销　6—固定挡料销　7—始用挡料销

(1) 导正销

导正销 5 是伸入工件的孔中导正其在凹模内位置的销形金属零件。

导正销一般采用高速钢、硬质合金等硬度较高的材料制造，用于引导工件的位置，以保证精准冲裁工件。导正销头部一般呈锥状，如图 1—2—2 所示。导正销与其配合孔之间的间隙选择见表 1—2—2。导正销的工作高度见表 1—2—3。

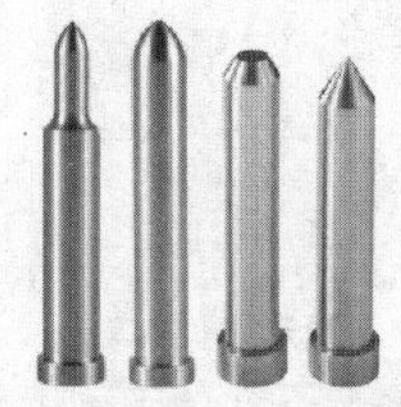

图 1—2—2　导正销

表 1—2—2　导正销与其配合孔之间的间隙（双向）　mm

精度	料厚	导正孔径			
		≤6	6 ~ 10	10 ~ 30	30 ~ 50
一般	≤1.5	0.04	0.06	0.07	0.08
	1.5 ~ 3	0.05	0.07	0.08	0.09
	3 ~ 5	0.06	0.08	0.09	0.10
较高	—	0.025	0.03	0.04	0.05
特高	—	0.003 ~ 0.005	0.006	0.006	

表 1—2—3 导正销的工作高度 mm

冲件料厚＼导正的孔径	≤10	10～25	25～50
≤1.5	1	1.2	1.5
>1.5～3	1～1.8	1.2～2.4	1.5～3
>3～5	1.8～2.5	2.4～3	3～4

（2）导正销定距的冲孔落料级进模工作过程

初次冲裁工序送料时，以始用挡料销（即临时挡料销）对位；后续各次冲裁过程中，固定挡料销替代始用挡料销来控制条料的步距，并做粗定位。导正销起精定位的作用。上模冲压下行时，导正销提前进入已冲好的孔中，导正孔与制件外形的相对位置，条料就脱离固定挡料销，这样就形成导正销对条料板精确的定位，很好地保证了冲裁制件的质量。导正销定距的冲孔落料级进模的工作过程见表 1—2—4。

表 1—2—4 导正销定距的冲孔落料级进模的工作过程

工序	说明	图示
初次送料	操作人员用手推始用挡料销，使它从导尺中伸出来，挡住条料的前端。条料沿导尺前行，直至条料与始用挡料销接触才停止，完成初次送料定位	
初次冲孔	上模座下移，带动凸模向下运动与材料接触，并使工件材料分离，完成初次冲孔的加工。上模座上移，同时操作人员的手脱离始用挡料销，迫使其在弹簧的作用下回位，以便条料下一工序继续向前送料	

续表

工序	说明	图示
后续定位	条料在第一工位基础上继续前行，直至与固定挡料销接触停止，此时完成条料的步距粗定位。上模冲压下行时，导正销进入已冲好的孔中，来保证孔与制件外形的相对精确位置	
后续冲孔、落料	上模座下移，带动凸模向下运动与材料接触，并使工件材料分离，完成冲孔和落料的加工	

3. 用侧刃定距的级进模

图1—2—3所示为带侧刃的级进模。该模具的特点是：在凸模固定板上还装有侧刃，用于控制条料送进的距离。侧刃定距的原理是：在条料侧边冲去一个狭条，狭条的长度等于步距，以此作为送料定距。侧刃可布置在对侧，也可采用前后双侧刃对角排列，使料尾材料得到利用。

用侧刃定距的级进模的优点是操作方便，定位准确，生产率高，便于实现冲压自动化；缺点是结构复杂，而且因为要切去料边而增加了材料损失。用侧刃定距的级进模主要用于冲制厚度小于0.5 mm的薄板或不便使用定位销、导正销定位的制件。

（1）侧刃

不同种类的侧刃的结构图示、特征及用途、定位误差及说明、工作过程等见表1—2—5。

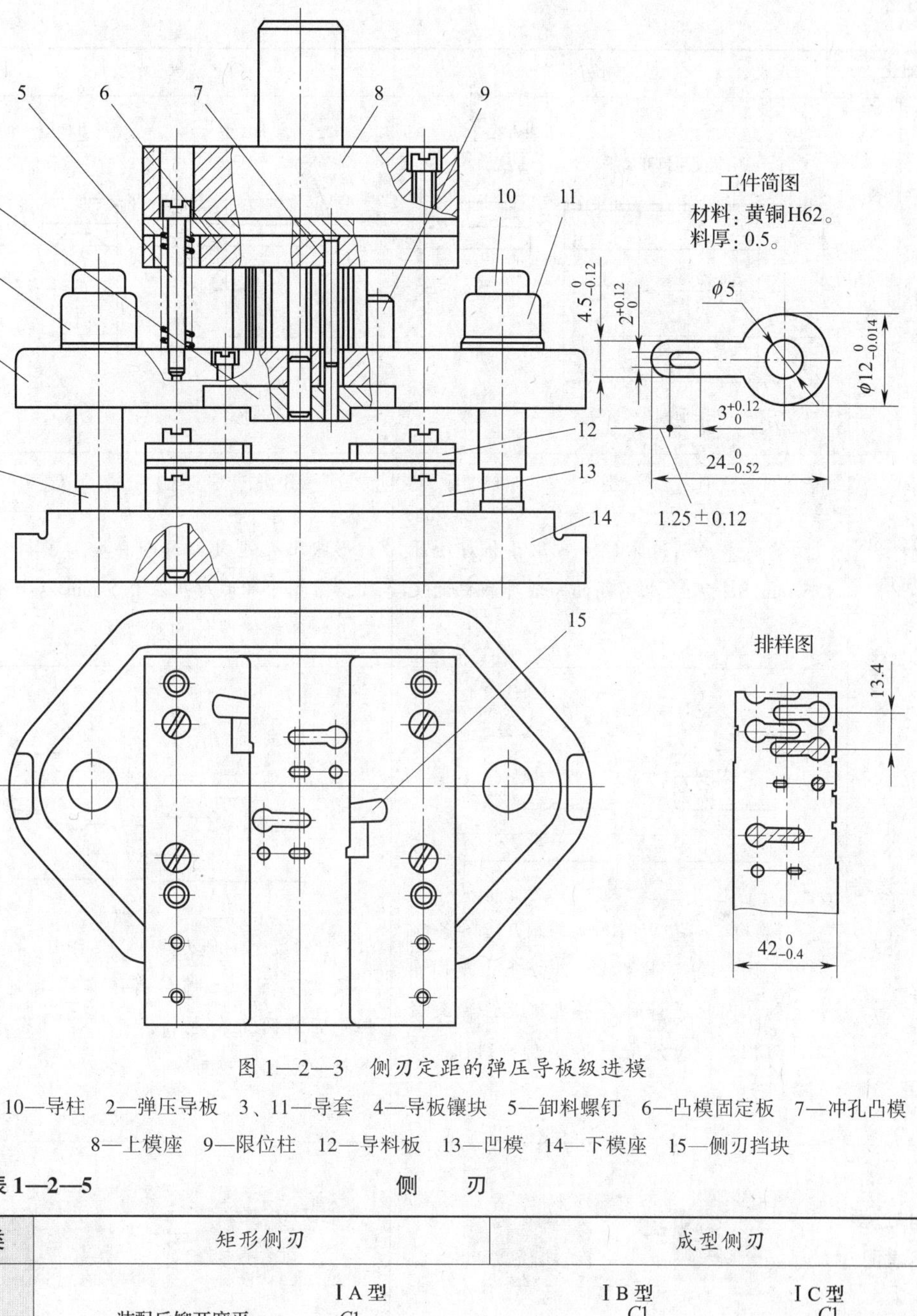

工件简图
材料：黄铜H62。
料厚：0.5。

排样图

图 1—2—3　侧刃定距的弹压导板级进模

1、10—导柱　2—弹压导板　3、11—导套　4—导板镶块　5—卸料螺钉　6—凸模固定板　7—冲孔凸模　8—上模座　9—限位柱　12—导料板　13—凹模　14—下模座　15—侧刃挡块

表 1—2—5　　侧　刃

种类		矩形侧刃	成型侧刃
结构图示	无导向部分	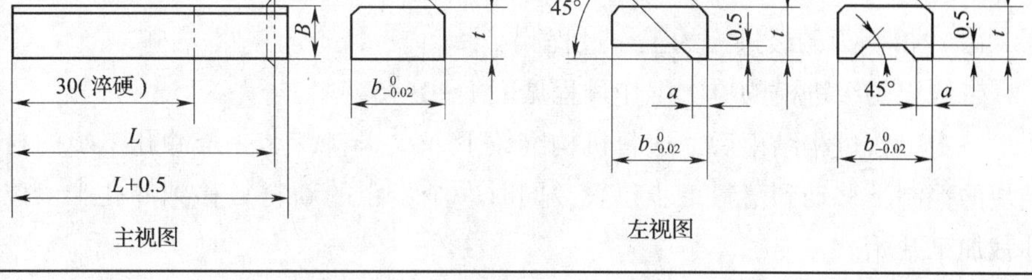 装配后铆开磨平；30（淬硬）；L；$L+0.5$；B；主视图；Ⅰ A 型：$C1$，t，$b_{-0.02}^{\ 0}$	Ⅰ B 型：$C1$，45°，0.5，t，a，$b_{-0.02}^{\ 0}$；Ⅰ C 型：$C1$，0.5，t，45°，a，$b_{-0.02}^{\ 0}$；左视图

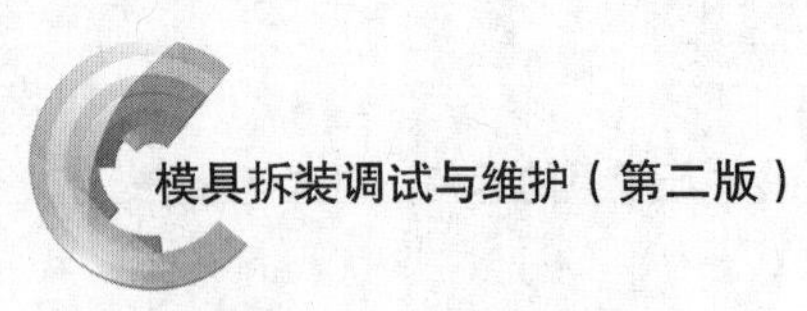

续表

种类	矩形侧刃	成型侧刃	
结构图示 有导向部分	R1 装配后铆开磨平 B_1 30(淬硬) 5 L L+0.5 主视图 ⅡA型 C1 t $b_{-0.02}^{0}$	ⅡB型 C1 45° 0.5 t a $b_{-0.02}^{0}$ ⅡC型 C1 0.5 t 45° a $b_{-0.02}^{0}$ 左视图	
	A 型	B 型	C 型
特征及用途	结构简单，制造方便，常用于料厚小于1.5 mm且精度要求不高的一般冲裁件的定位	形状比A型复杂，而且增加了材料的消耗，常用于冲裁厚度在0.5 mm以下或公差要求较高的冲裁件的定位	
定位误差图及说明	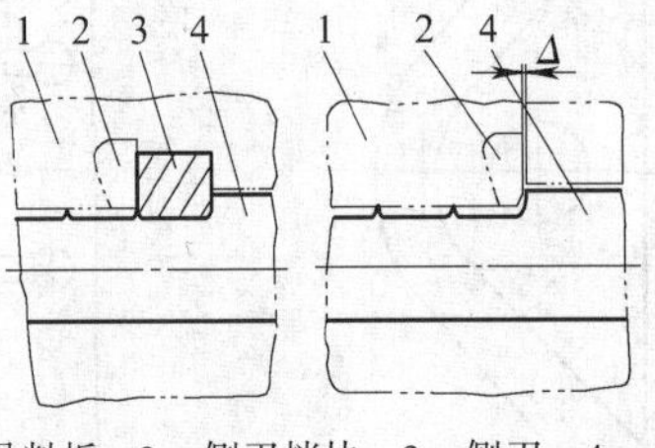 1 2 3 4 1 2 4 Δ 1—导料板 2—侧刃挡块 3—侧刃 4—条料 由于切出的条料台肩角部分易出现圆角和毛刺，因此送料时台肩直边无法做到紧靠侧刃挡块，致使条料不能准确到位，定位误差大	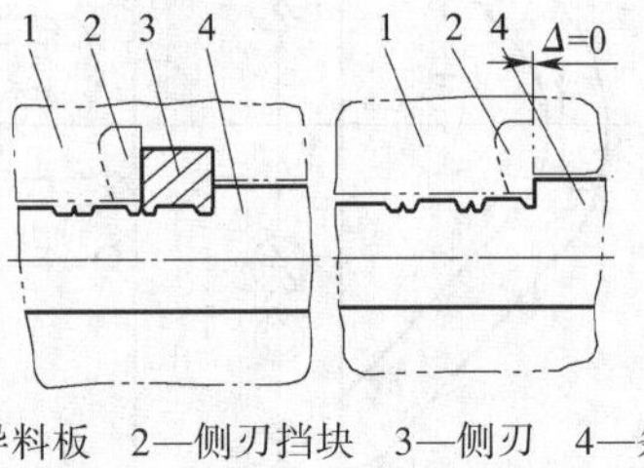 1 2 3 4 1 2 4 Δ=0 1—导料板 2—侧刃挡块 3—侧刃 4—条料 虽然在条料上仍然有圆角或毛刺产生，但是因为圆角和毛刺离开了定位面，所以条料的定位准确可靠	
工作过程示意图	⇨	⇨	

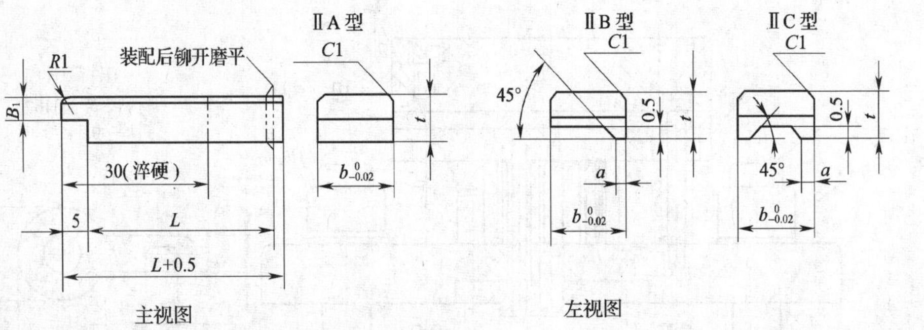

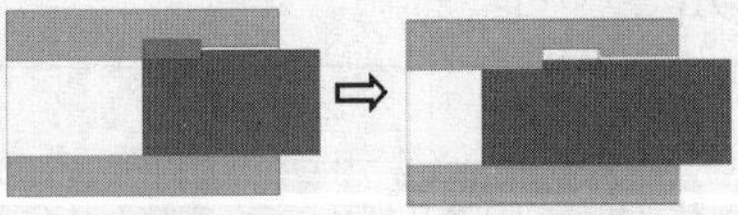

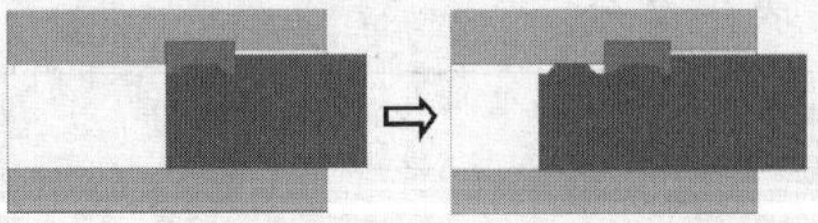

（2）带侧刃的级进模的工作过程

带侧刃的级进模的单次工作过程见表1—2—6。

一次工作过程结束后，送料机构继续下一次送料，上一个冲孔工步的材料在侧刃挡块的控制下移动到落料工步位置，同时一个步距的新材料移到冲孔工步位置。新的冲裁加工开始。

表 1—2—6　　带侧刃的级进模的单次工作过程

工序	说明	图示
送料	送料机构开始送料，侧刃挡块控制步距。上模座在模柄的带动下整体向下移动，直到导板镶块压住工件	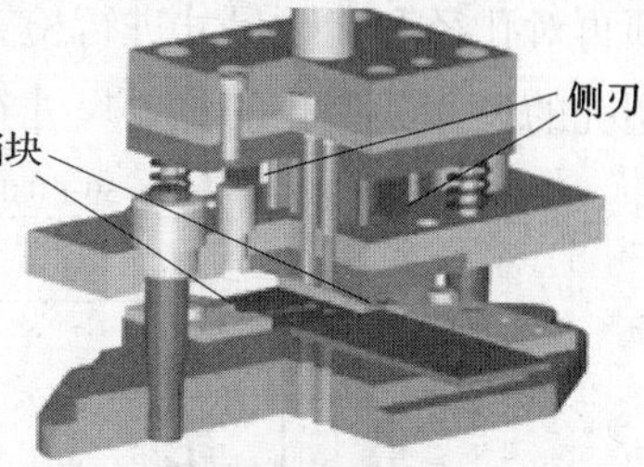 侧刃 侧刃挡块
冲孔、落料	上模座继续下移，弹簧受到弹性压缩。凸模继续向下运动，使工件材料分离，同时完成冲孔和落料，并冲掉步距条料	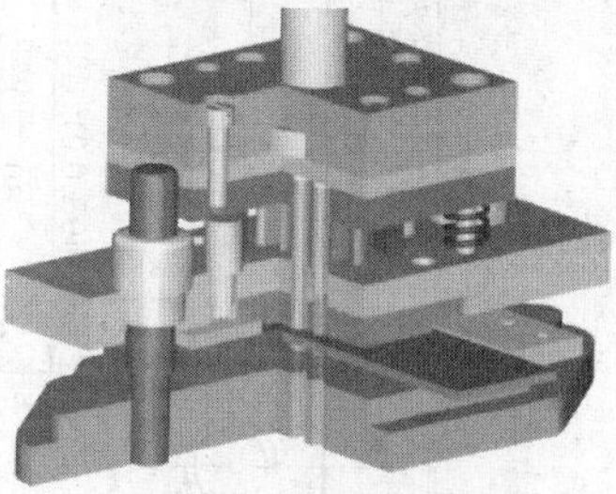
复位	卸料结束后，上模座复位	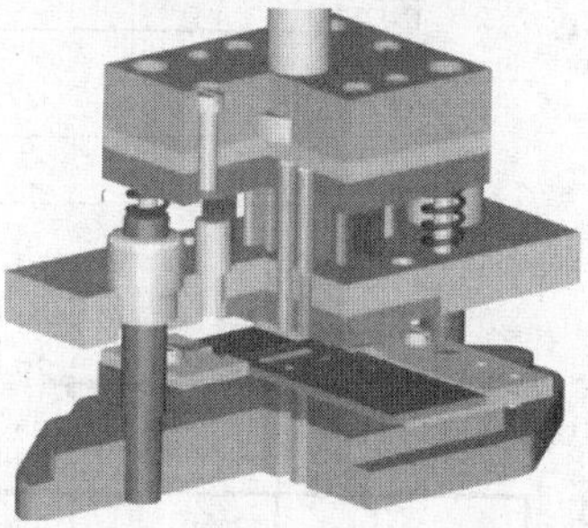

二、多工位级进模的装配技术要求及基准件

多工位级进模对步距精度和定位精度的要求比较高，装配难度大，对零件的加工精度要求也比较高。

1. 装配技术要求

（1）凹模上各型孔的位置尺寸及步距要求加工正确、装配准确，否则制件很难达到规定要求。

（2）凹模型孔板、凸模固定板和卸料板的型孔位置尺寸必须一致，即装配后各组型孔的中心线一致。

（3）各组凸、凹模的冲裁间隙均匀一致。

2. 装配基准件

多工位级进模应该以凹模为装配基准件。级进模的凹模分为两大类：整体凹模和拼块凹模。整体凹模各型孔的孔径尺寸和型孔的位置尺寸在零件加工阶段已经保证。如图 1—2—4 所示，链板级进模凹模就是典型的整体凹模。为了方便加工、装配和维

修，多工位级进模的凹模结构多采用镶拼形式。图 1—2—5 所示为典型的拼块凹模组件。虽然它的每一个凹模拼块在零件加工阶段已经很精确了，但是装配成凹模组件后，必须再对孔径和孔距尺寸进行检查、修配和调整，并与各凸模试配和修整，才能保证各型孔的尺寸和型孔的位置尺寸符合模具的装配技术要求。

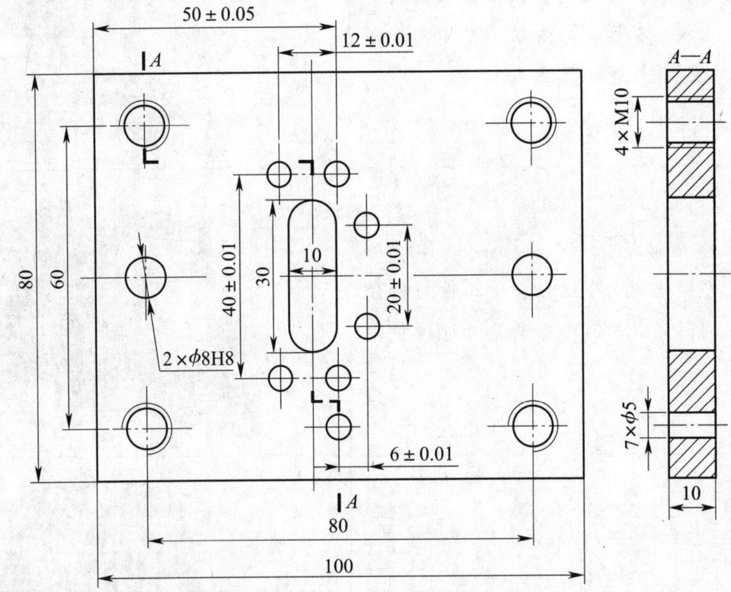

图 1—2—4　链板级进模凹模

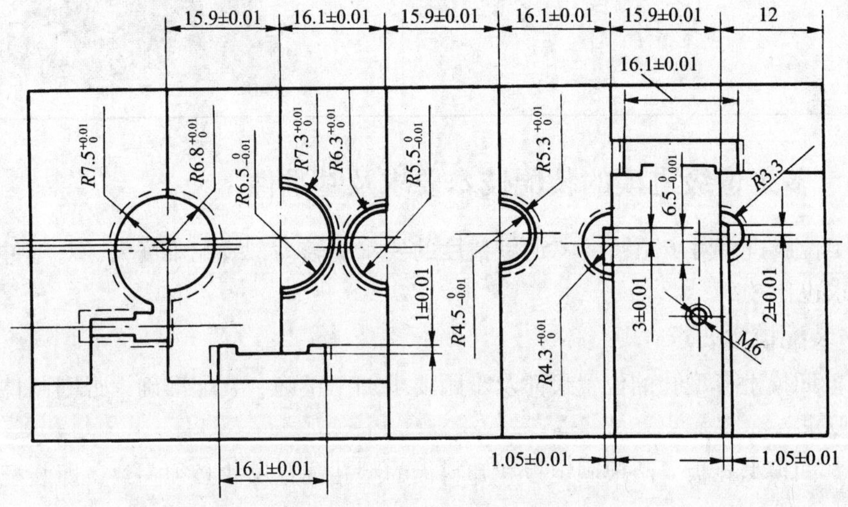

图 1—2—5　拼块凹模组件

三、多工位级进模装配工艺

1. 组件装配

（1）凹模组件组装

以图 1—2—5 所示的凹模组件为例说明凹模组件的装配工艺。

该凹模组件由9个凹模拼块和1个凹模模套拼合而成，形成6个冲裁工位和2个侧刃孔，各个凹模拼块都以各型孔中心分段，即拼块宽度尺寸等于步距尺寸。

1）初步检查凹模拼块。组装前，检查、修配各个凹模拼块的宽度尺寸（即步距尺寸）和型孔的孔径及位置尺寸。

2）拼接、修配凹模拼块。按图样要求拼接各凹模拼块，并检查相应凸模和凹模型孔的冲裁间隙，不妥之处进行修配。

3）组装凹模组件。将各凹模拼块压入模套（凹模固定板）。组装时，应先压入精度要求高的凹模拼块，后压入易保证精度要求的凹模拼块。例如，有冲孔、冲槽、弯曲和切断拼块的级进模，可先压入冲孔、冲槽和切断凹模拼块，后压入弯曲凹模拼块。根据凹模拼块和模套拼合结构不同，还可以按排列顺序依次压入凹模拼块。

4）检查、修配凹模组件。对凹模组件各型孔和孔距尺寸再次检查，发现不妥之处进行修配，直至达到图样规定要求。

5）复查、修配凸、凹模冲裁间隙。检查实际装配过盈量，不妥之处修整模套。

（2）凸模组件组装

依据模具结构的不同，级进模中凸模与凸模固定板的连接方法有单个凸模压入法、单个凸模低熔点合金浇注或黏结剂黏结法及多个凸模整体压入法。

1）单个凸模压入法装配。凸模压入固定板顺序：一般先压入容易定位且压入后又能作为其他凸模压入安装基准的凸模，再压入难定位凸模。如果各凸模对装配精度要求不同，先压入装配精度要求高和较难控制装配精度的凸模，再压入容易保证装配精度的凸模。如果不属于上述两种情况，则对凸模压入顺序没有严格的要求。以图1—2—6为例，具体说明单个凸模压入顺序。

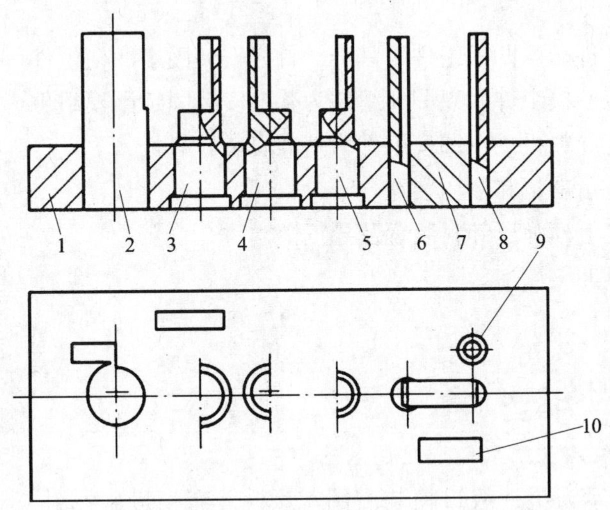

图1—2—6 单个凸模压入法

1—固定板 2—落料凸模 3、4、5—半环凸模 6、8—半圆凸模

7—垫块 9—冲孔圆凸模 10—侧刃凸模

图 1—2—6 所示的多凸模的压入顺序是：半圆凸模 6 和 8（连同垫块 7 一起压入）→半环凸模 3、4、5→侧刃凸模 10 和落料凸模 2→冲孔圆凸模 9。首先压入半圆凸模（连同垫块），因为其压入容易定位，而且稳定性好。其次，以已压入的半圆凸模为基准，并垫上等高垫块，插入凹模型孔，调整好间隙，同时将半环凸模 3 以凹模型孔定位进行压入，如图 1—2—7 所示。用同样方法依次压入其他凸模。压入时要一边检查凸模垂直度一边压入。

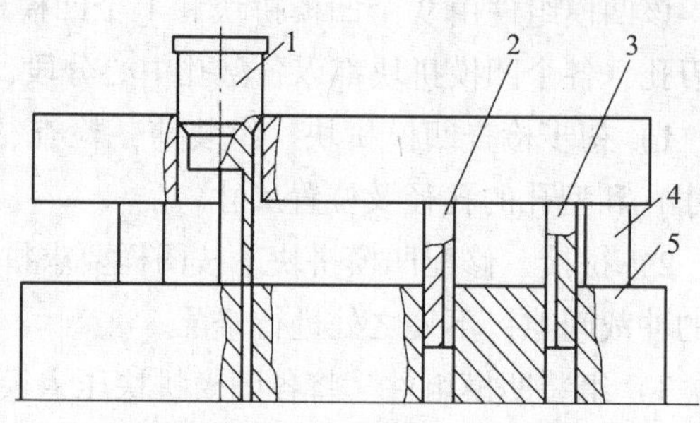

图 1—2—7　压入半环凸模

1—半环凸模　2、3—半圆凸模　4—等高垫块　5—凹模

复查凸模与固定板的垂直度，检查凸模与卸料板型孔配合状态以及固定板和卸料板的平行度。最后，磨平凸模组件上、下端面。

2）单个凸模黏结剂黏结法装配。这种方法的优点是：固定板型孔的孔径和孔距精度要求低，减轻了凸模装配后的调整工作量。

单个凸模黏结剂黏结法的要点是：黏结前，将各个凸模套入相应凹模型孔，并调整好冲裁间隙，然后套入固定板，检查黏结间隙是否合适，然后进行浇注固定；其他要求与前述相同。

3）多凸模装配。采用多凸模整体压入法时，凸模拼接位置和尺寸原则上和凹模拼块一致。在凹模组件装配完毕并检查修配合格后，以凹模组件的型孔为定位基准，多凸模整体压入，并检查位置、尺寸，不妥之处进行修配，直至全部合格。

2. 总装配

（1）装配基准件。以凹模组件为基准，首先安装固定凹模组件。

（2）安装固定凸模组件。以凹模组件为基准安装固定凸模组件。

（3）安装固定导料板。以凹模组件为基准安装导料板。

（4）安装固定承料板和侧压装置。

（5）安装固定上模弹压卸料装置及导正销。

（6）自检，试冲。

（7）检验。

技能训练

图 1—2—8 所示为垫片级进模装配图。该模具有切废料与冲导正孔、切废料 2、弯曲 1、弯曲 2、切头部废料与冲孔、空步、切断多个工位，如图 1—2—9 所示。在冲压过程中，该模具利用自动送料机构进行初步定位，利用导正销进行精确定位。本课题要完成垫片级进模的拆卸和装配操作。

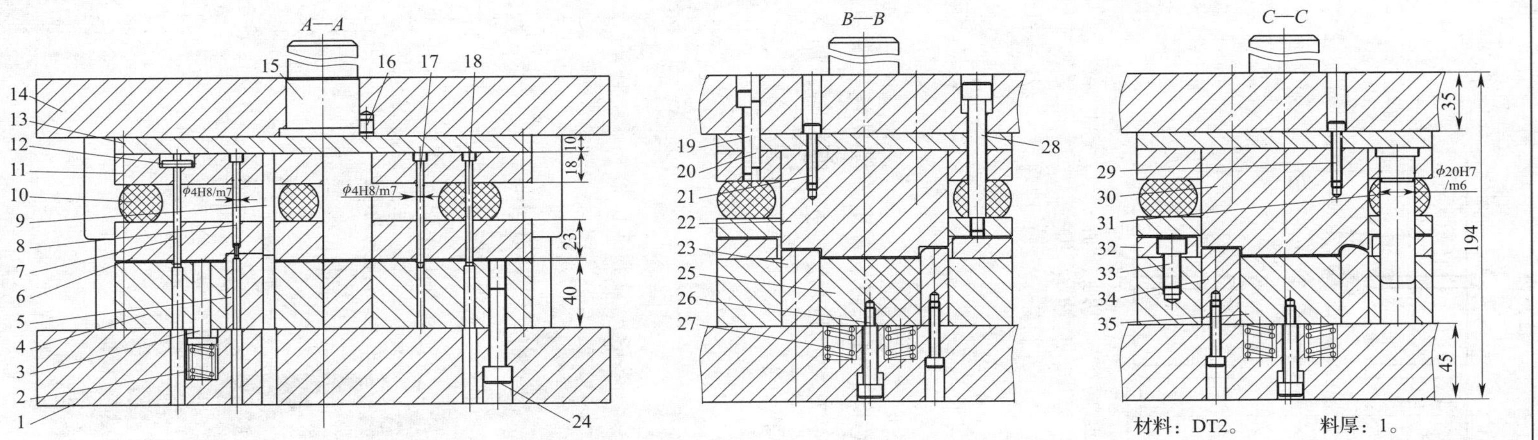

DP-000

A—A　B—B　C—C

材料：DT2。　料厚：1。

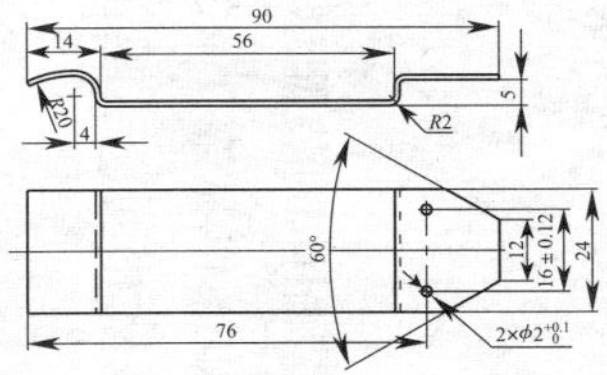

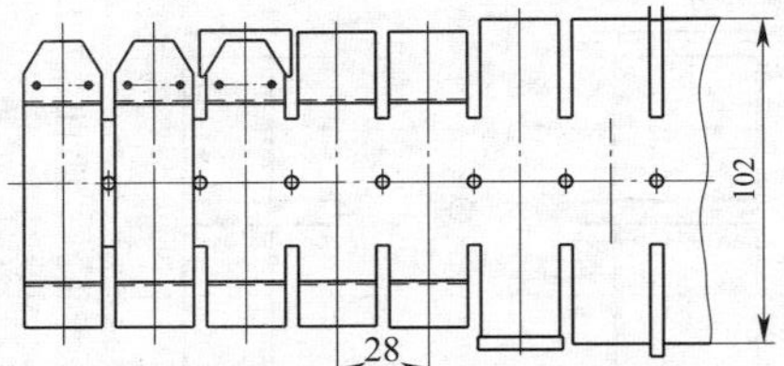

切断　空步　切头部废料与冲孔　弯曲2　弯曲1　切废料2　切废料与冲导正孔

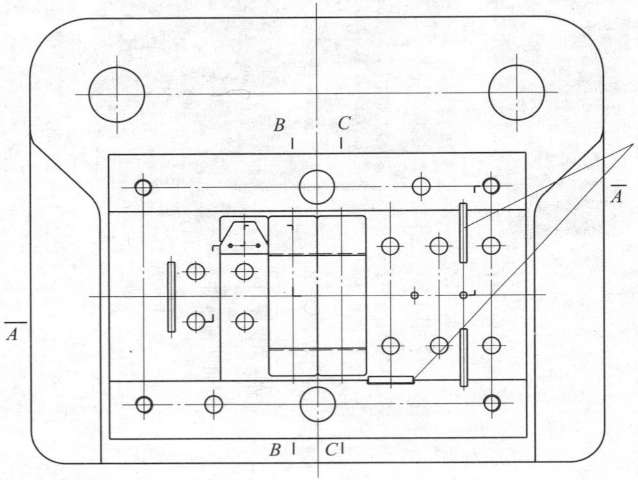

技术要求

1.选用 JC23—63T压力机。

2.选用25#后侧导柱模架。

序号	名称	数量	材料	备注
36	切废料凸模2	2	Cr12MoV	
35	弯曲模芯2	1	Cr12MoV	
34	弯曲凹模镶块2	1	Cr12MoV	
33	内六角螺钉M10×25	4	Q235	GB/T 70.1—2008
32	导料板	2	45	
31	内导柱	2	20	
30	弯曲凸模2	1	Cr12MoV	
29	内六角螺钉M6×40	2	Q235	GB/T 70.1—2008
28	卸料螺钉M8×70	4	Q235	GB/T 72.1—2008
27	弹簧	4	65Mn	
26	卸料螺钉M6×35	1	Q235	GB/T 72.1—2008
25	弯曲模芯1	1	Cr12MoV	
24	内六角螺钉M10×50	4	Q235	GB/T 70.1—2008
23	弯曲凹模镶块1	1	Cr12MoV	
22	弯曲凸模1	1	Cr12MoV	
21	内六角螺钉M6×40	2	Q235	GB/T 70.1—2008
20	圆柱销 ϕ10×40	2	T10A	GB/T 119.1—2000
19	内六角螺钉M10×40	4	Q235	GB/T 70.1—2008
18	导正孔凸模	1	Cr12MoV	
17	导正销	1	Cr12MoV	
16	防转销 ϕ8×10	1	T10A	GB/T 119.1—2008
15	模柄		45#	
14	上模座	1	HT200	25#后侧标准模架
13	上垫板	1	45	
12	钢丝 ϕ3.8	1	65Mn	
11	固定板	1	45	
10	橡胶板	1		
9	切废料凸模1	1	Cr12MoV	
8	圆凸模	2	Cr12MoV	
7	切断凸模	1	Cr12MoV	
6	卸料板	1	Cr12	
5	冲孔凹模镶块	1	Cr12MoV	
4	凹模	1	Cr12MoV	
3	升浮销	10	45	
2	弹簧	10	65Mn	
1	下模座	1	HT200	25#后侧标准模架

标记	处数	分区	更改文件号	签名	年月日	图样标记	质量	比例	××模具制造厂
设计			标准化					1∶1	垫片级进模
审核						共1张	第1张		DP-000
工艺			批准						

图 1—2—8　垫片级进模装配图

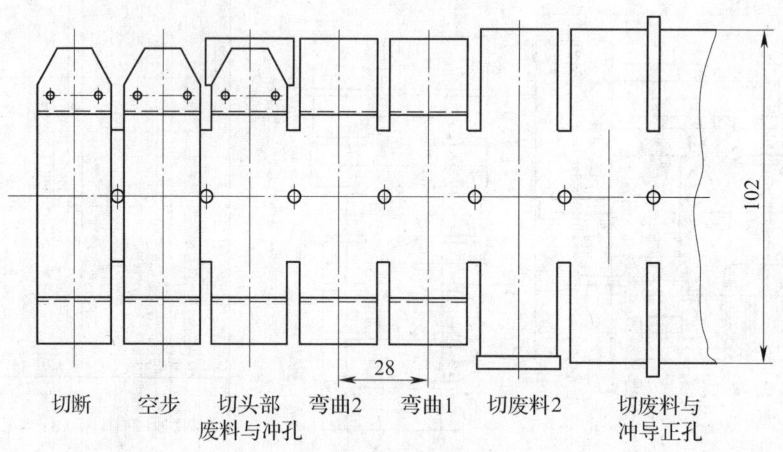

图 1—2—9　垫片级进模的工位图

一、垫片级进模拆卸操作

图 1—2—10 所示为垫片级进模装配体的装配示意图，可以初步看出该模具各主要零件的位置关系。垫片级进模的拆卸操作见表 1—2—7。在对该模具进行拆装时，所使用的工具、设备及用品等与上一课题相同，这里不再介绍。

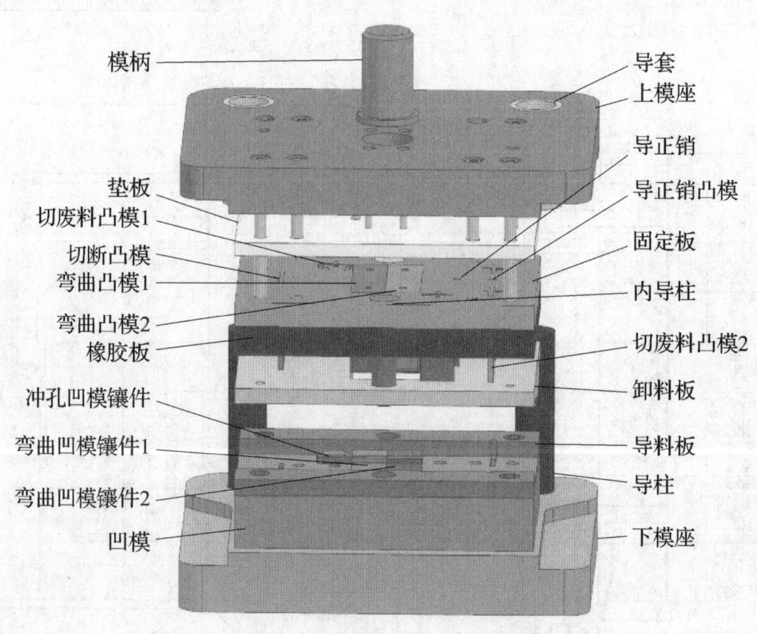

图 1—2—10　垫片级进模的装配示意图

表 1—2—7　　垫片级进模拆卸操作

工序	工步	具体操作	图示
分模	—	将垫片级进模的上、下模分离，分别安放于两个周转箱内，以便后续拆卸操作	
拆卸上模	拆卸料板	用 M8 的内六角扳手逆时针旋转四枚卸料螺钉，将卸料板从上模装配体上脱离	
	拆橡胶板	因为橡胶弹性元件与上模装配体各相邻零件均为间隙配合，所以当卸料板脱离上模装配体后，即可将橡胶弹性元件分离	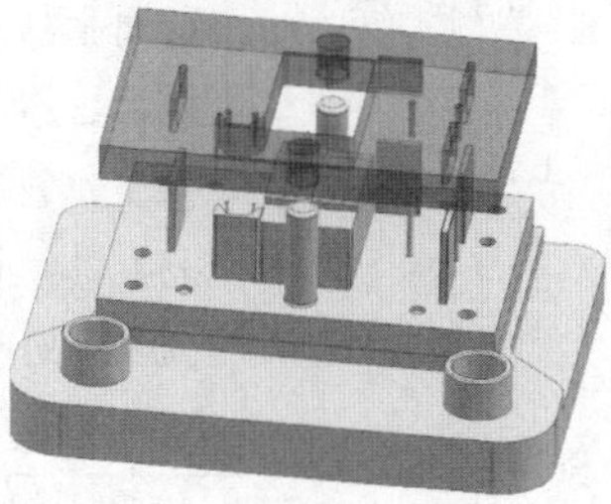
	拆上模座螺钉	将上模装配体放置在两个等高垫块上，分别用 M10、M6 内六角扳手逆时针旋转 M10、M6 螺钉。四枚 M10 螺钉用于连接上模座与固定板，四枚 M6 螺钉用于连接上模座与弯曲凸模	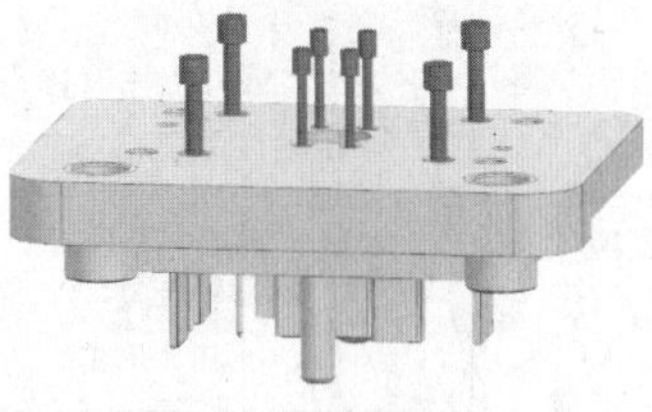
	拆定位销	将上模装配体反向放置在两个等高垫块上，用铜棒及 ϕ6 mm 销钉将两枚 ϕ8 mm 销钉敲出	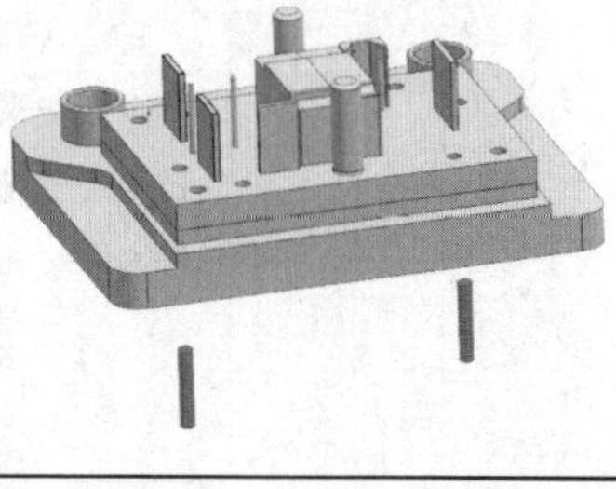

续表

工序	工步	具体操作	图示
拆卸上模	分离上模座	拆掉上模座上的所有销钉与螺钉后，上模座已经与上模装配体完全脱离	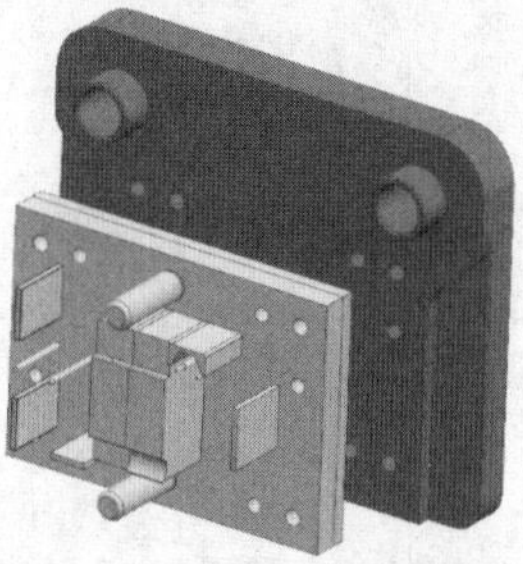
	分离垫板	将垫板与上模装配体分离	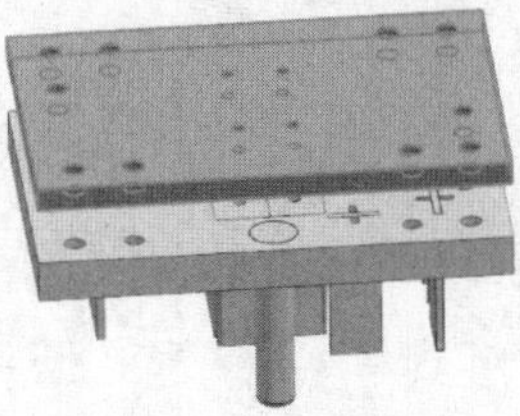
	拆模柄	用铜棒将模柄从上模座中敲出。模柄与上模座之间有防转销钉。当模柄从上模座中分离时，防转销钉也会自动脱落。由于防转销钉体积较小，因此拆卸时要注意避免防转销钉遗失	
	拆内导柱	用铜棒将两个内导柱从上模装配体中敲出	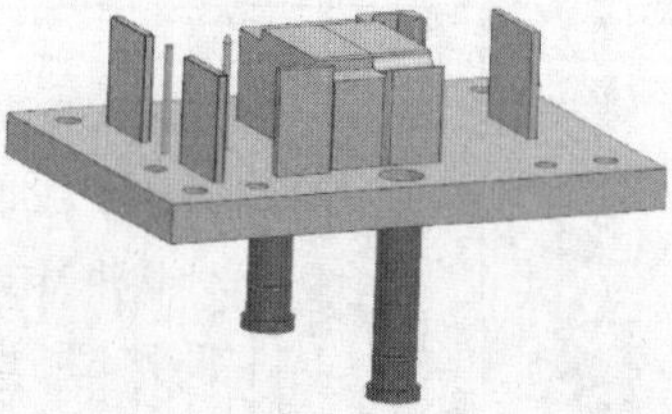
	拆弯曲凸模	将上模装配体放置在两个等高垫块上，用铜棒将两个弯曲凸模零件从固定板中敲出	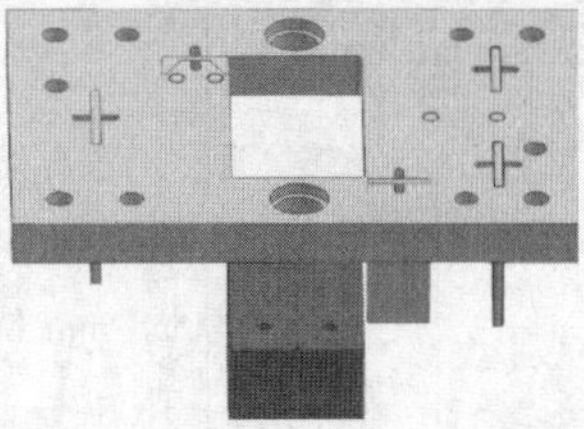

续表

工序	工步	具体操作	图示
拆卸上模	拆凸模 1	用铜棒将两块切废料凸模及导正销凸模从固定板中敲出。两块切废料凸模下端内均有一段 $\phi3.2$ mm 钢丝，可用铜棒将其从凸模内敲出	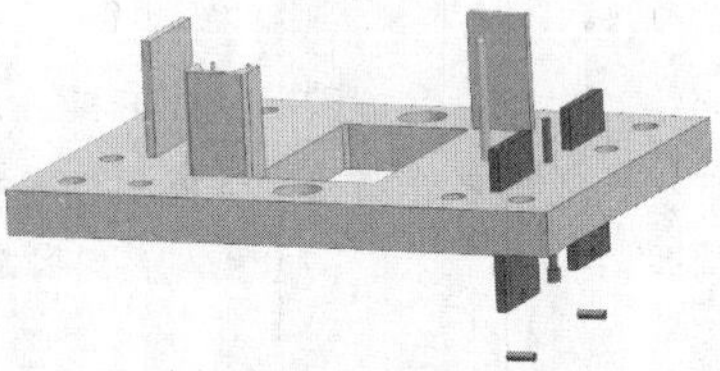
	拆凸模 2	按上一步操作要领，拆除剩余的各个凸模	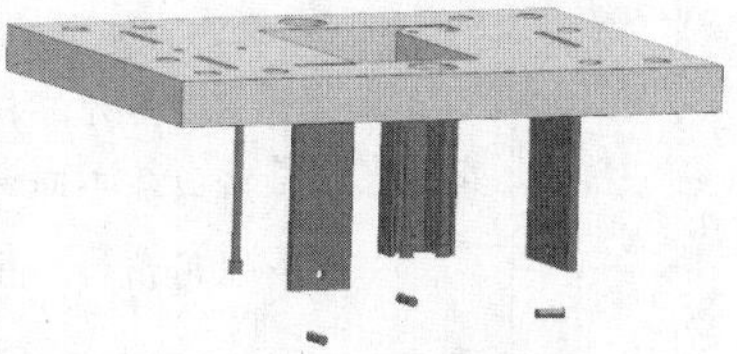
拆卸下模	拆导柱	将下模装配体放置在两块等高垫块上，用铜棒敲击导柱，使其脱离下模座。当导柱与下模座装配较紧时，也可用压力机拆除	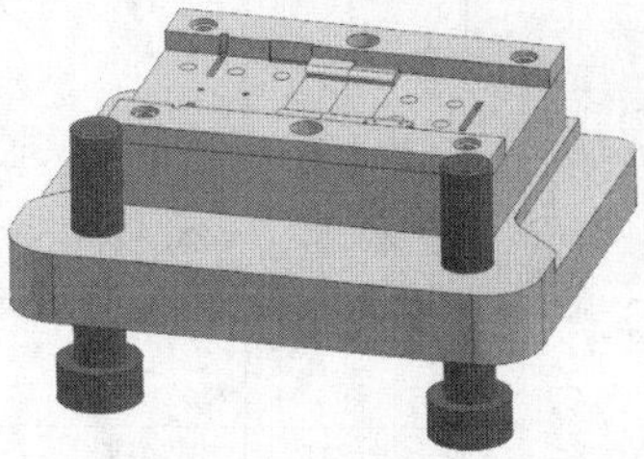
	拆导料板	用 M8 内六角扳手逆时针旋转四枚 M8 螺钉，从而拆除两块导料板	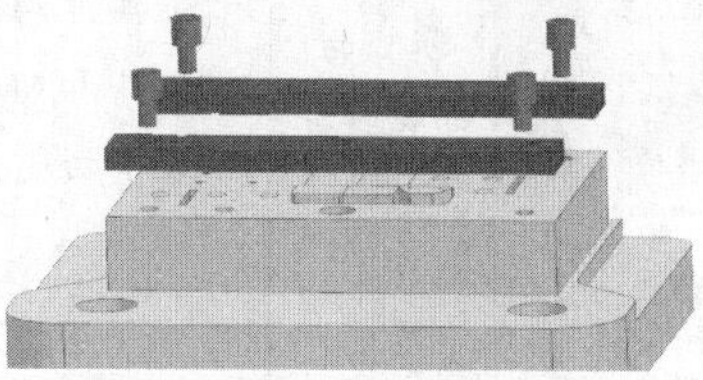
	拆下模座螺钉	分别用 M10、M6 内六角扳手逆时针旋转 M10、M6 螺钉。四枚 M10 螺钉用于连接上模座与凹模，六枚 M6 螺钉用于下模座与凹模镶件的连接	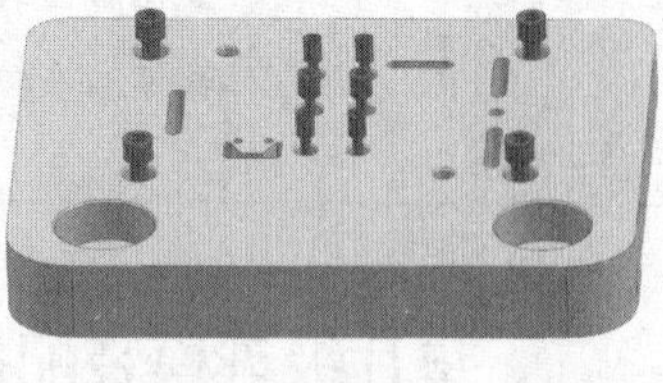
	拆下模座销钉	将 $\phi6$ mm 销钉放置在 $\phi8$ mm 销钉孔内，用铜棒敲击 $\phi6$ mm 销钉，分别敲出两枚 $\phi8$ mm 销钉	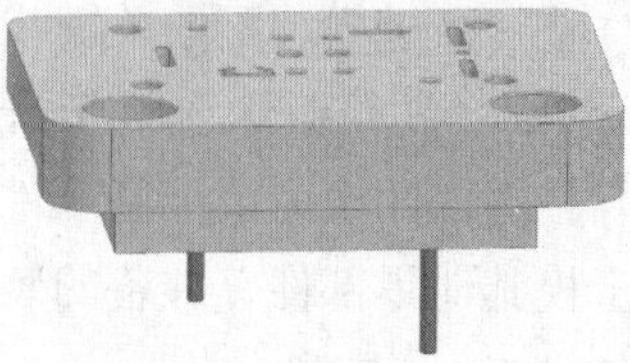

续表

工序	工步	具体操作	图示
拆卸下模	拆下模座	当下模座内的螺钉与销钉拆除后，下模座与凹模已经完全分离。搬走下模座，同时取下所有弹簧孔内的弹簧	
	拆升浮销	因为升浮销与凹模之间为间隙配合，所以徒手即可取下10根升浮销，也可以用销钉顶出升浮销	
	拆弯曲模芯	因为弯曲模芯与凹模之间为间隙配合，所以拆除时用铜棒轻敲即可取下	
	拆弯曲凹模镶件	下模座螺钉和销钉拆除后，弯曲凹模镶件和凹模已经能够完全脱离，徒手取下四块凹模镶件即可	
	拆冲孔凹模镶件	用铜棒敲击冲孔凹模镶件，使其慢慢脱离凹模。至此，垫片级进模下模装配体拆卸完毕	

二、垫片级进模装配操作

垫片级进模装配的关键步骤是凹模组件与凸模组件的装配。凹模组件包含1个凹模套、5个凹模镶件、10个升浮销。凸模组件包含一个凸模固定板、11个凸模、2个内导柱。以凹模为装配基准件，先装配凹模组件及下模其他零部件，再装配凸模组件及上模其他零部件。准备的装配工具、设备及用品等参见课题一。垫片级进模的装配操作见表1—2—8。

表 1—2—8 垫片级进模的装配操作

工序	工步	具体操作	图示
装配凹模组件	装凹模镶件	按照用铜棒轻敲镶件的方法，在下模座中依次装入切废料镶件、弯曲凹模镶件、弯曲模芯镶件	
	放置弹簧	以下模座为基准件装配下模，将下模座放置在装配平台上。下模座共有 14 个弹簧安装孔（包含 10 个升浮销配合弹簧、4 个卸料弹簧）。弹簧与弹簧安装孔有约 2 mm 的间隙，装配时直接放置弹簧即可	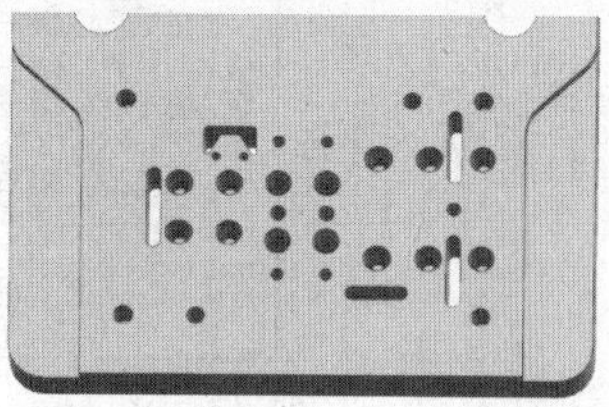
	装升浮销	在凹模与下模座定位销孔中放入两枚长销钉，使凹模与下模座初定位。依次将 10 根升浮销对应放入凹模孔内。升浮销为间隙配合，为了防止其从凹模中脱落，可以在凹模上表面放置一块与凹模面积相当的磁铁	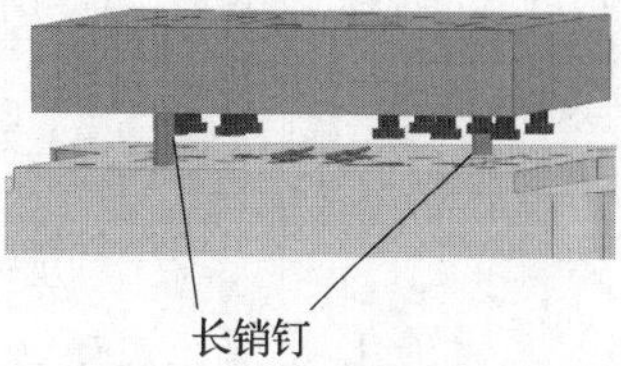 长销钉
装配下模座组件	紧固下模座	用铜棒敲击凹模，使其慢慢与下模座贴合。将整个装配体翻转 180°，并将其放置在等高垫块上。用内六角扳手旋入四枚内六角螺钉，紧固凹模。用铜棒敲击两根短销，替换初定位的长销	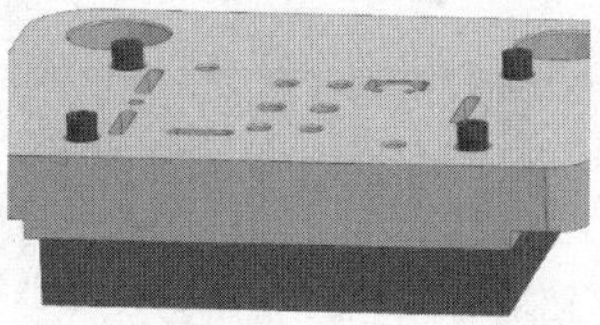
	装导柱	在下模座中装入两根导柱。装配中可用铜棒敲击导柱入位。如果导柱与下模座配合较紧，也可用压力机将导柱压入	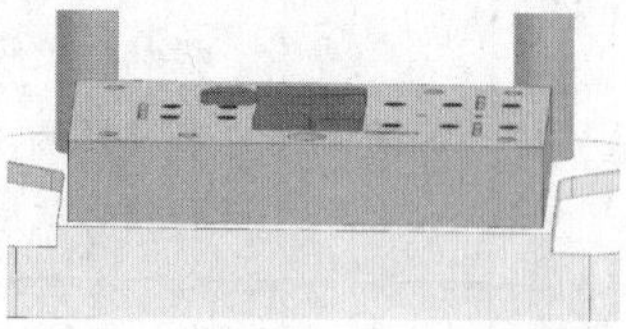
装配凸模组件	装凸模 1	将固定板放置在两个等高垫块上，用铜棒敲击导正销、导正孔凸模、圆凸模（两个），把它们装入固定板。它们与固定板均为过渡配合	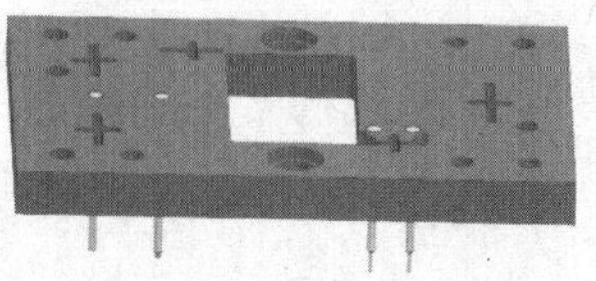

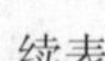
续表

工序	工步	具体操作	图示
装配凸模组件	装凸模 2	切废料凸模及切断凸模与固定板均为过渡配合，并且在它们的一端有一根用于限位的钢丝。先分别将五根钢丝穿进各自的钢丝安装孔内，再用铜棒敲击它们，以装入固定板	
	装内导柱	在固定板中装入两根内导柱。装配中可用铜棒敲击导柱入位。如果导柱与下模座配合较紧，也可用压力机将导柱压入	
	装弯曲凸模	用铜棒敲击两个弯曲凸模，装入固定板内。用内六角扳手顺时针旋转内六角螺钉，将两个弯曲凸模固定在上模装配体内	
装配上模座组件	定位上模装配体	将上模座放置在装配平台上，依次在其上表面安放垫板、固定板装配体。用铜棒慢慢将两根 $\phi8$ mm 的销钉敲进销钉孔，使得上模装配体整体定位	
	装导套	在上模座中装入两根导套。装配中可用铜棒敲击导套入位。如果导套与上模座配合较紧，也可用压力机将导套压入	
	装模柄	模柄与上模板之间为过渡配合。用铜棒敲击模柄，把它们装入上模板，再将防转销钉敲进其安装孔	
	紧固上模座	用内六角扳手顺时针旋转四枚 M10 内六角螺钉，紧固上模座与上模装配体	

续表

工序	工步	具体操作	图示
装配卸料装置	初装卸料装置	橡胶板、卸料板与各个凸模（冲头）、内导柱等零件配合均为间隙配合。依次将橡胶板、卸料板放置于上模座装配体上即可	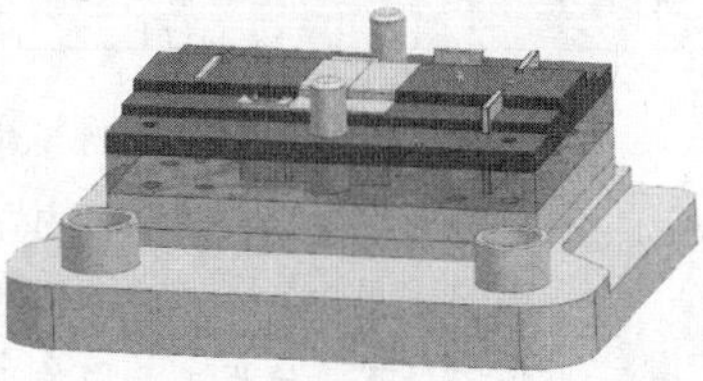
	调节卸料装置	用内六角扳手分别将卸料螺钉旋入卸料板内，并反复调节卸料板压料面与上模座基准面的平行度，使得平行度误差越小越好。检测此处平行度时，可测量、比较压料面四个角位置与上模座的高度	
合模	试合模	以下模装配组件为合模基准，将其放置在装配工作台上。依靠导柱、导套的导向，将上模组件合模于下模组件上方。将垫片样件放置在正确的冲压成型位置，初步确定导料板的位置	
	装导料板	在初步确定导料板位置的情况下，可使用C形夹钳将其与下模装配体固定。使用内六角扳手顺时针旋转四枚内六角螺钉，以紧固两块导料板。紧固结束即可去除C形夹钳	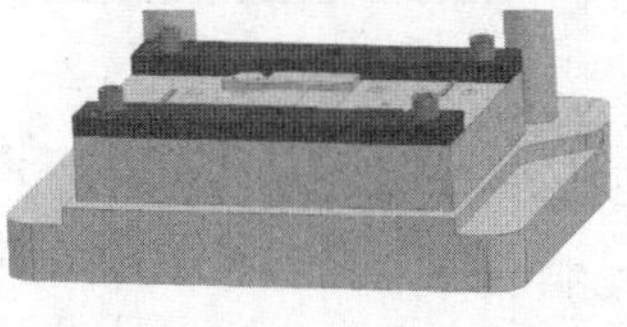
终合模		以下模装配组件为合模基准，将其放置在装配工作台上。依靠导柱、导套的导向，将上模组件合模于下模组件上方。至此，整个垫片级进模装配完毕	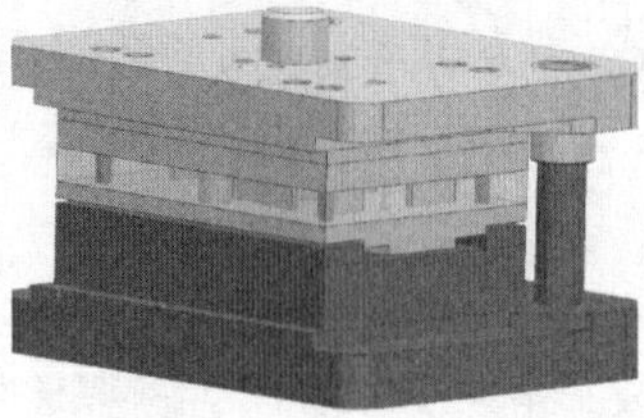

三、评价

垫片级进模拆卸、装配操作评分标准见表1—2—9。

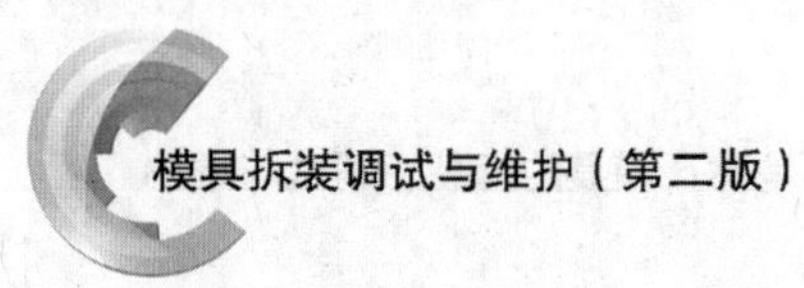

表 1—2—9　　垫片级进模拆卸、装配操作评分标准

考核项目	考核内容及要求	配分	评分标准	检测结果	得分
拆卸操作	拆上模组件：按正确顺序拆卸卸料板、橡胶板、模柄、内导柱、凸模等上模零件，并将各零件安放在规定位置；使用工具操作规范	18	拆卸顺序不正确，不得分；操作不规范，每次扣 2 分		
	拆下模组件：按正确顺序拆卸导柱、导料板、下模座、凹模镶件等下模零件，并将各零件安放在规定位置；使用工具操作规范	12	拆卸顺序不正确，不得分；操作不规范，每次扣 2 分		
装配操作	装配凹模组件：按照正确顺序将凹模镶件、弹簧、升浮销等零件分别装入凹模，凹模与下模座定位准确；使用工具操作规范	12	装配顺序不正确，不得分；操作不规范，每次扣 2 分		
	装配下模座组件：按正确顺序装配，并将凹模组件与下模座固定连接；使用工具操作规范	5	装配顺序不正确，不得分；操作不规范，每次扣 2 分		
	装配凸模组件：按正确顺序将导正销、凸模、内导柱等零件装入凸模固定板；使用工具操作规范	12	装配顺序不正确，不得分；操作不规范，每次扣 2 分		
	装配上模座组件：按正确顺序装入导套、模柄等零件，紧固上模座；使用工具操作规范	10	装配顺序不正确，不得分；操作不规范，每次扣 2 分		
	装配卸料装置：按正确顺序装配卸料装置，并正确调整安装位置；使用工具操作规范	5	装配顺序不正确，不得分；操作不规范，每次扣 2 分		
	合模：按正确顺序试合模，装配导料板；使用工具操作规范	6	装配顺序不正确，不得分；操作不规范，每次扣 2 分		

续表

考核项目	考核内容及要求	配分	评分标准	检测结果	得分
安全文明生产	正确执行安全操作规程	5	每违反一项规定，扣2分		
	正确穿戴劳保用品（如工作服、工作帽等）	5	穿戴不整齐，不得分		
工时定额	120 min	10	每超10 min扣5分；超30 min，考核不及格		
总计		100			

课题三　拉深模的拆装

一、拉深模概述

拉深（又称为拉延）是利用拉深模在压力机的压力作用下，将平板坯料或空心工序件制成开口空心零件的加工方法。拉深属于变形工序的一种，主要用来加工盒形零件及其他形状复杂的薄壁旋转体零件。图1—3—1所示为常见的两类拉深零件。拉深变形过程主要有三个工艺过程，如图1—3—2所示。

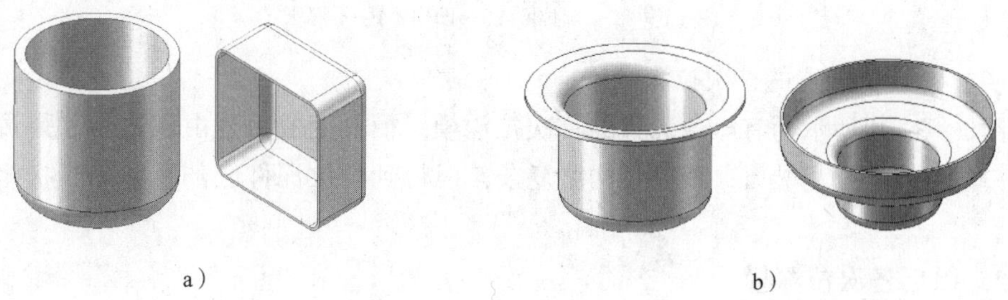

图1—3—1　拉深零件

a）不变薄拉深　b）变薄拉深

拉深模的结构类型较多，按拉深顺序可分为首次拉深模、以后各次拉深模、与其他冷冲压工艺组成的拉深复合模。

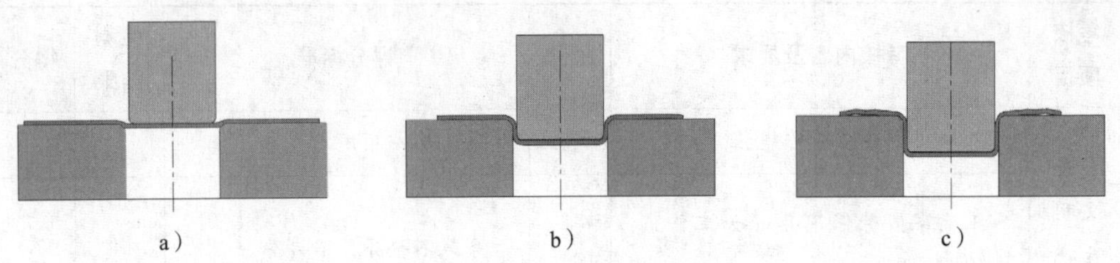

图 1—3—2　拉深工艺过程

a）平板坯料形成凸缘　b）弯曲绕过凹模圆角　c）形成竖直筒壁

1. 首次拉深模

（1）无压边装置的首次拉深模

图 1—3—3 所示为无压边装置的首次拉深模。该模具工作过程可以大致划分为两个阶段。在拉深起始阶段，平板毛坯由定位圈 2 定位，由凸模 1 将板料拉入凹模 3 内。在拉深终了阶段，工件位于凹模 3 的卸件口下方。上模带动凸模 1 上行时，卸件口下平面作用于拉深件口部，使其与凸模 1 分离，顺着下模座 4 的漏料孔落下。

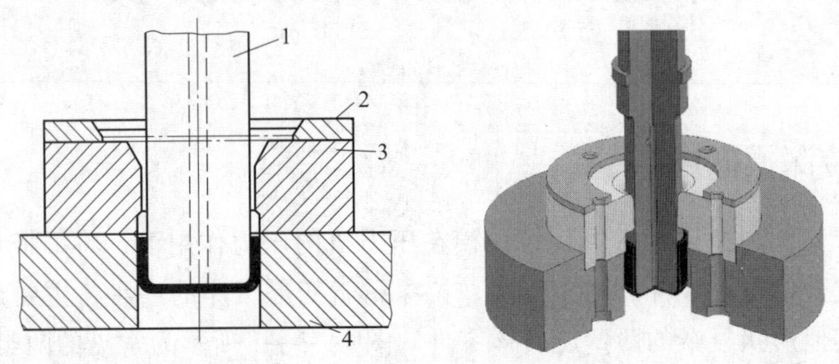

图 1—3—3　无压边装置的首次拉深模

1—凸模　2—定位圈　3—凹模　4—下模座

（2）有压边装置的首次拉深模

图 1—3—4 所示为有压边装置的首次拉深模。模具上模部分由压边圈、弹簧组成拉深模的压边与顶出装置。模具结构略复杂，但得到的拉深件底部平整，形状比较规则。

2. 以后各次拉深模

（1）无压边装置的以后各次拉深模

图 1—3—5 所示为无压边装置的以后各次拉深模。前次拉深后的工序件由定位板 5 定位，拉深后工件由凹模的台阶孔卸下。为了减小工件与凹模之间的摩擦，凹模 6 的直边高度 h 取 9 ~ 13 mm 。该模具适用于变形程度不大、拉深件的直径和壁厚要求均匀的以后各次拉深。

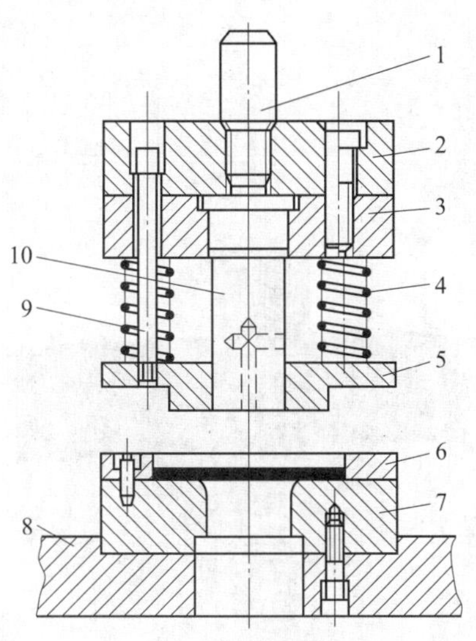

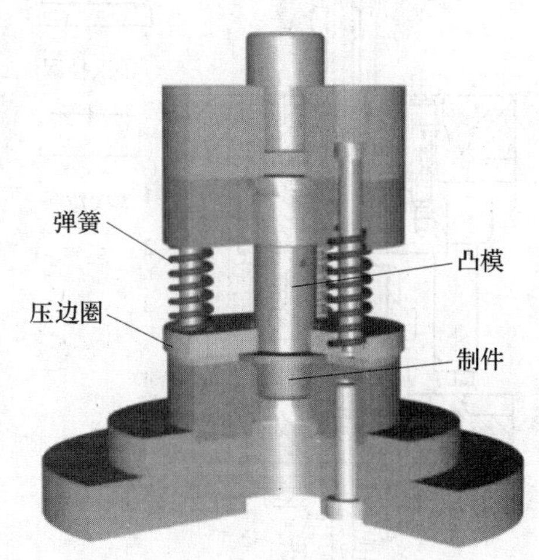

图 1—3—4 有压边装置的首次拉深模

1—模柄 2—上模座 3—凸模固定板 4—弹簧 5—压边圈

6—定位板 7—凹模 8—下模座 9—卸料螺钉 10—凸模

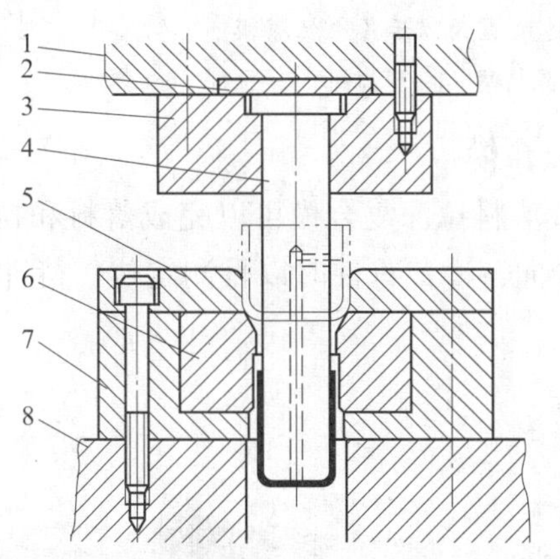

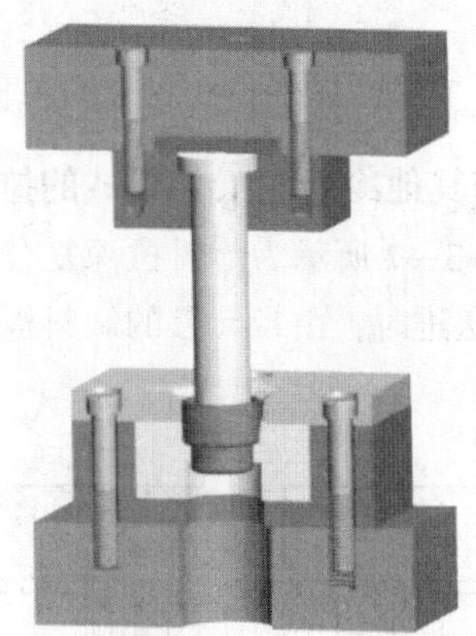

图 1—3—5 无压边装置的以后各次拉深模

1—上模座 2—垫板 3—凸模固定板 4—凸模 5—定位板

6—凹模 7—凹模固定板 8—下模座

（2）有压边装置的以后各次拉深模

图 1—3—6 所示为有压边装置的以后各次拉深模。压边圈 4 作为工序件的内形定位装置，在拉深中还起压边、防皱和拉深结束时卸件的作用，压边力和卸件力由安装在下模座上的弹顶装置提供。在下模设置的限位柱可以防止拉深件随着拉深行程的增加及压边力急剧增加而被拉破。在拉深终了阶段，拉深件会卡在拉深凹模 2 内，当压力机带动上模部分上行时，由顶杆 5 和推件板 1 把拉深件从拉深凹模 2 中推出。

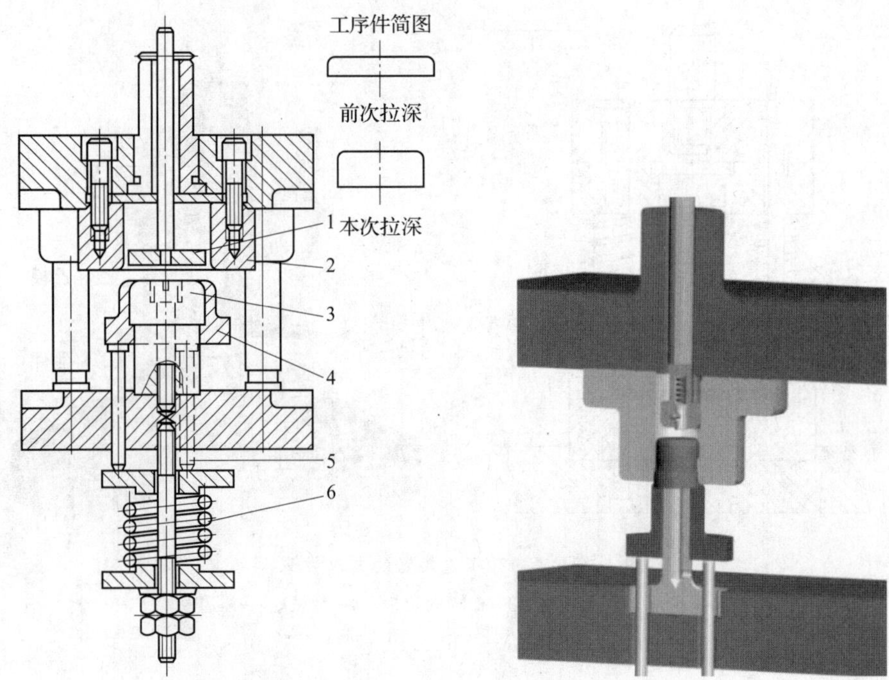

图 1—3—6　有压边装置的以后各次拉深模

1—推件板　2—拉深凹模　3—拉深凸模　4—压边圈　5—顶杆　6—弹簧

3. 与其他冷冲压工艺组成的拉深复合模

图 1—3—7 所示为落料拉深复合模。落料拉深复合模可以完成落料和拉深两个工序。条料送进时，由带导尺的卸料板 6 导向，冲裁首件时以目测定位，待冲第二个工

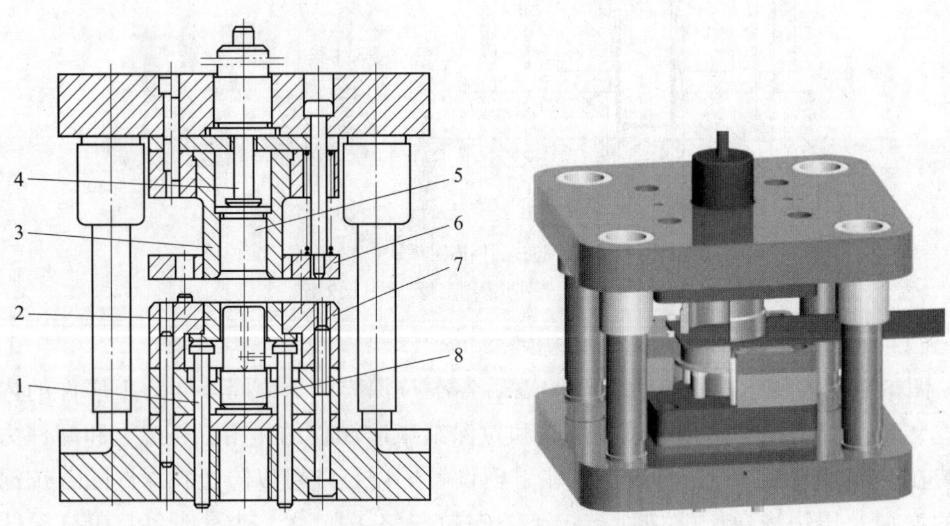

图 1—3—7　落料拉深复合模

1—顶杆　2—压边圈　3—凸凹模　4—推杆　5—推件板

6—卸料板　7—落料凹模　8—拉深凸模

件时，则用挡料销定位。模具在工作时，用压力机的气垫压边，可获得较大的压边力，压力和行程的大小容易调节，还使得模具的结构简单。气垫压力是通过顶杆 1 传到压边圈 2 上进行压边的。制件制出后，上模上行，推杆 4 推动推件板 5，把工件从凸凹模 3 中推出。

二、拉深模的拆装工艺

与冲裁模相比，拉深模结构较简单，因此拆装工艺过程也较为简单。

1. 拆装特点

同冲裁模相比，拉深模拆装具有以下特点：

(1) 冲裁模凸、凹模的工作端部有锋利的刃口，而拉深模凸、凹模的工作端部则要求有光滑的圆角。

(2) 通常拉深模工作零件的表面粗糙度值为 $Ra0.04 \sim 0.32\ \mu m$，比冲裁模工作零件的表面粗糙度要小。

(3) 冲裁模所冲出的制件尺寸容易控制，如果模具制造正确，冲出的制件一般是合格的。拉深模即使零件制造精确，装配符合要求，但是由于受到材料弹性变形的影响，拉深出的制件不一定合格。因此，拉深模试冲后仍然需要对模具进行修整。

2. 拉深模试冲工艺过程

拉深模试冲的目的如下：

(1) 通过试冲发现模具存在的缺陷，找出原因并进行调整和修整。

(2) 最后确定制件拉深前的毛坯尺寸。

应先按拉深模原有的工艺设计方案制作一个毛坯进行试冲，并测量出试冲件的尺寸偏差。如果试冲件不能满足原有的设计要求，应对毛坯进行适当修改，反复试冲和修整，直至冲出的试件符合要求。

技能训练

图 1—3—8 所示为圆筒拉深模。该模具为有压边装置的首次拉深模，而且是无导柱、导套模具。本课题要完成圆筒拉深模的拆卸、装配操作。该模具的结构特征及工作原理与图 1—3—4 所示模具类似，这里不再赘述。

一、圆筒拉深模拆卸操作

圆筒拉深模的拆卸操作见表 1—3—1。在对其进行拆装时，所有使用的工具与上一课题使用的工具相同，这里不再重复。

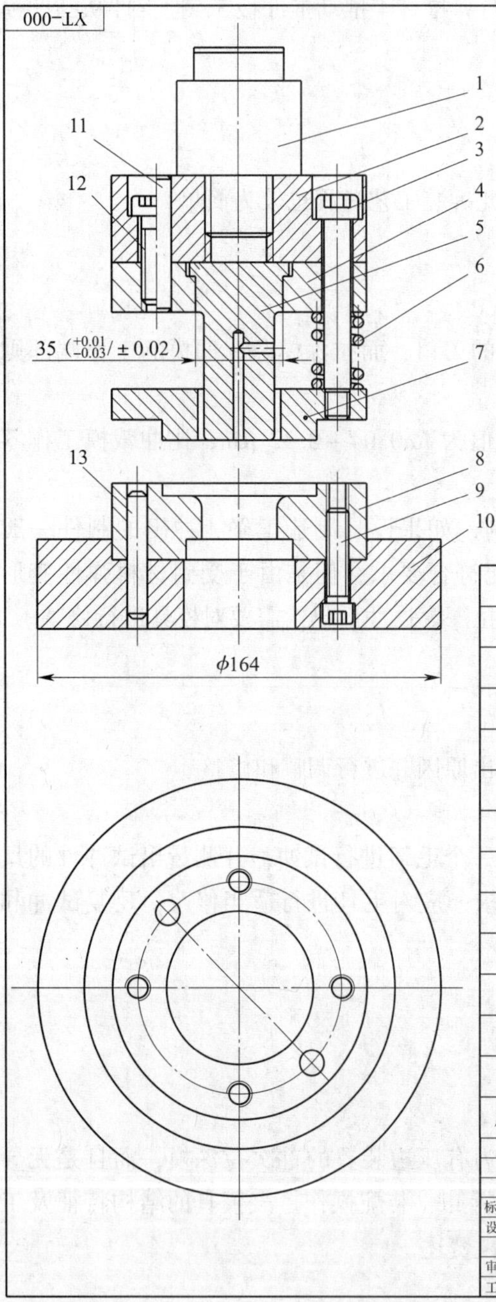
1
2
3
4
5
6
7
8
9
10
11
12
13
35 ($^{+0.01}_{-0.03}$/ ± 0.02)
φ164

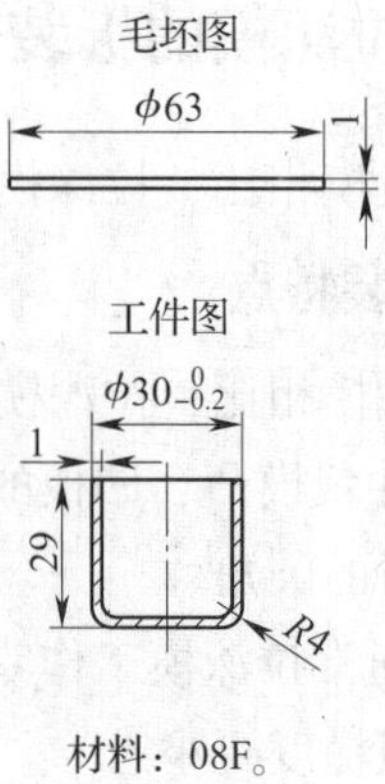
毛坯图
φ63
1
工件图
φ30$^{\ 0}_{-0.2}$
1
29
R4

材料：08F。

序号	名称	数量	材料	备注
13	销钉φ8	2	T10	
12	螺钉M8	2	Q235	
11	销钉φ8	2	T10	
10	下模座	1	45	
9	螺钉M8	4	Q235	
8	凹模	2	Cr12	
7	压边圈	1	45	淬火50~55 HRC
6	弹簧	4	65Mn	TR17
5	凸模	1	Cr12	淬火50~55 HRC
4	凸模固定板	1	45	
3	压料螺钉M10	4	Q235	
2	上模座	1	45	
1	模柄	1	45	

									××模具 制造厂
标记	处数	更改文件号	签名	日期					
设计		标准化			图样标记		质量	比例	圆筒拉深模
								1∶1	
审核									YT-000
工艺		批准			共　张		第　张		

图 1—3—8　圆筒拉深模

表 1—3—1　圆筒拉深模的拆卸操作

工序	工步	具体操作	图示
分模	—	将拉深模的上模与下模分离，分别安放于两个周转箱内，以便后续拆卸操作。用活扳手逆时针旋转模柄，将模柄从上模中卸下	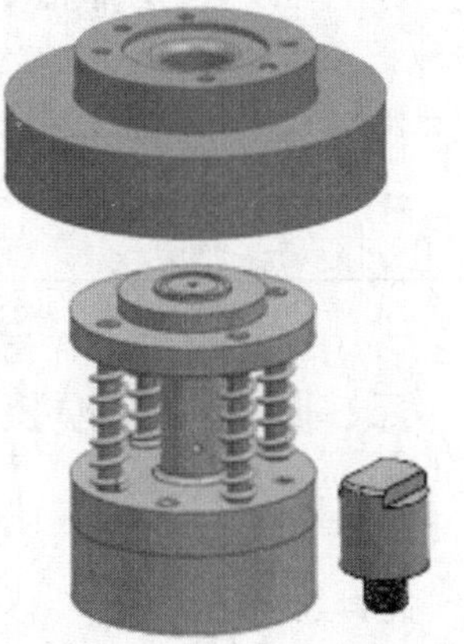
拆卸上模组件	拆压料装置	用 M10 的内六角扳手逆时针旋转四个压料螺钉。当压料螺钉卸下后，即可徒手将弹簧与压边圈脱离上模装配体	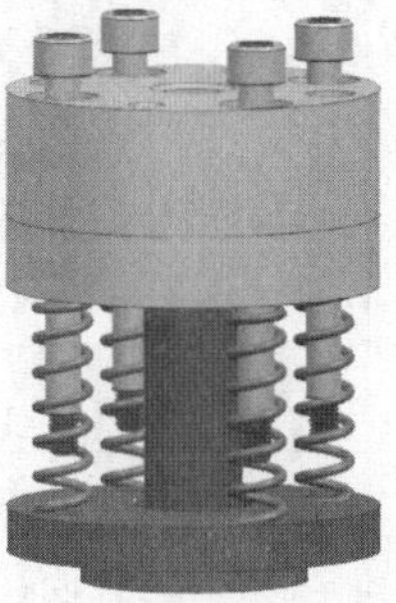
	拆上模座	用 M8 的内六角扳手逆时针旋转四个 M8 内六角螺钉。M8 螺钉卸下后，用铜棒和直径小于 ϕ8 mm 的销钉将两根 ϕ8 mm 的销钉敲出，上模座自动脱离	
	拆凸模	将上模装配体放置在两个等高垫块上，用铜棒敲击凸模，将其慢慢移出凸模固定板。至此，上模部分拆卸完毕	

续表

工序	工步	具体操作	图示
拆卸下模组件	拆凹模	用M8的内六角扳手逆时针旋转四个M8内六角螺钉。M8螺钉卸下后，使用铜棒和直径小于$\phi8$ mm的销钉将两根$\phi8$ mm的销钉敲出，凹模与下模座分离	

二、圆筒拉深模装配操作

圆筒拉深模的装配操作见表1—3—2。

表1—3—2　　圆筒拉深模的装配操作

工序	工步	具体操作	图示
装配下模组件	安放凹模	将凹模放置在安装平台上，以凹模作为装配基准	
	定位下模装配体	将下模座放置在凹模上。用铜棒慢慢将两根$\phi8$ mm的销钉敲进销钉孔，使下模装配体整体定位	
	紧固下模装配体	用M8内六角扳手顺时针旋转四枚M8螺钉，将它们旋入下模装配体并紧固	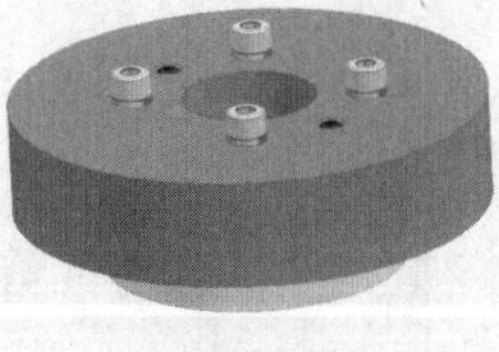
装配上模组件	装凸模组件	将凸模固定板放置在两块足够高的等高垫块上。用铜棒敲击凸模，使其进入凸模固定板的安装孔内，并保证其后端面不超出凸模固定板表面	

续表

工序	工步	具体操作	图示
装配上模组件	定位上模装配体	将上模座与凸模固定板初步定位，主要是使它们外圆周对齐，及销钉孔上下对位。用铜棒将两个销钉敲入定位销安装孔内，完成最终定位操作	
	紧固上模装配体	用 M8 内六角扳手顺时针旋转两枚 M8 螺钉，将它们旋入上模装配体并紧固	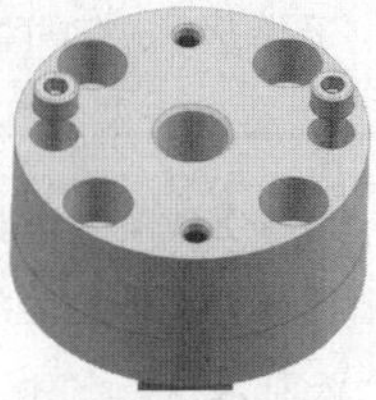
	定位压边圈	用游标卡尺分别测量压边圈孔径、凸模外圆直径，计算它们的安装间隙。为使整个圆周上的安装间隙均匀，可以将与单边间隙尺寸厚度相当的软材料放置在压边圈孔与凸模之间，以此对压边圈定位	
	固定压边圈	将四枚压料螺钉穿过上模座与凸模固定板的安装孔，四根圆弹簧分别套装在四枚压料螺钉上。用内六角扳手将四枚压料螺钉旋入压边圈，并且要调整压料表面与凸模轴线的垂直度。该垂直度主要是通过测量压料表面与上模座基准面之间的距离获得	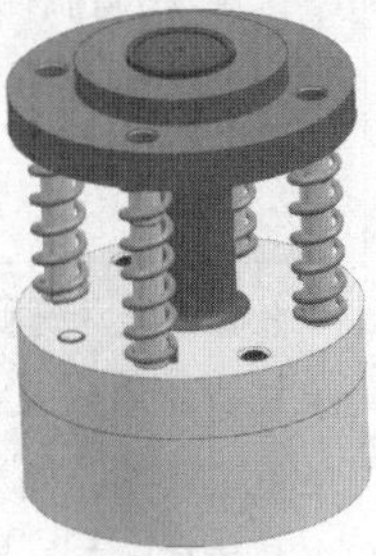
合模	—	圆筒拉深模没有导柱与导套的导向机构，属于普通敞开模。合模时，可以徒手将上模放置在下模上。合模时，应将压料面完全进入对应凹模制件放置孔内。用活扳手将模柄旋入上模座中	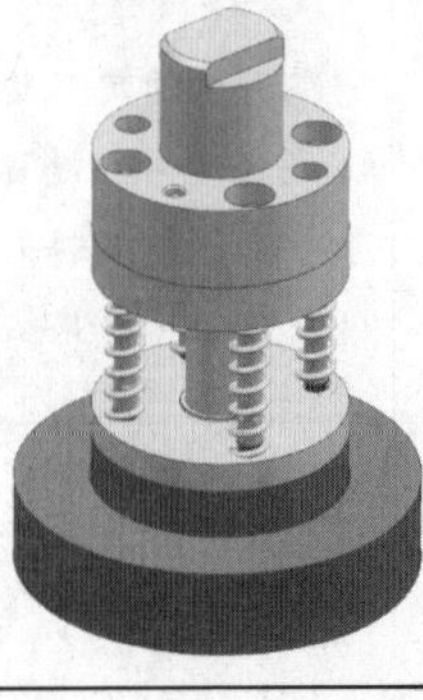

三、评价

圆筒拉深模拆卸、装配操作评分标准见表1—3—3。

表1—3—3　　圆筒拉深模拆卸、装配操作评分标准

考核项目	考核内容及要求	配分	评分标准	检测结果	得分
分模	按正确顺序拆卸模柄，将上模与下模分开；使用工具操作规范	3	拆卸顺序不正确，不得分；操作不规范，每次扣2分		
拆卸操作	拆上模组件：按正确顺序拆卸压料板、上模座、凸模、凸模固定板及标准件等零件，并将各零件安放在规定位置；使用工具操作规范	17	拆卸顺序不正确，不得分；操作不规范，每次扣2分		
	拆下模组件：按正确顺序拆卸凹模、下模座及标准件，并将各零件安放在规定位置；使用工具操作规范	10	拆卸顺序不正确，不得分；操作不规范，每次扣2分		
装配操作	装配下模组件：按正确顺序完成凹模与下模座的装配，使用工具操作规范	12	装配顺序不正确，不得分；操作不规范，每次扣2分		
	装配、定位、紧固上模装配体：按正确顺序装入凸模、上模座、凸模固定板等，并定位、紧固；使用工具操作规范	14	装配顺序不正确，不得分；操作不规范，每次扣2分		
	装配、固定压边圈：按正确顺序完成压边圈、弹簧与压料螺钉的装配，并调整压料表面与凸模轴线的垂直度等；使用工具操作规范	14	装配顺序不正确，不得分；操作不规范，每次扣2分		
合模	按正确顺序完成合模、模柄的装配；使用工具操作规范	10	装配顺序不正确，不得分；操作不规范，每次扣2分		

续表

考核项目	考核内容及要求	配分	评分标准	检测结果	得分
安全文明生产	正确执行安全操作规程	5	每违反一项规定，扣2.5分		
	正确穿戴劳保用品（如工作服、工作帽等）	5	穿戴不整齐，不得分		
工时定额	120 min	10	每超过10 min，扣5分；超过30 min，考核不及格		
总计		100			

课题四　冷冲压模具的调试与维护

冷冲压模具装配后，为了保证模具的质量，必须把模具安装在冲压设备上进行调试，调试合格才能作为成品模具交付生产。在使用过程中，还应该对模具进行合理的维护和保养，提高模具的使用寿命，提升制件的质量。

一、压力机及选用

冷冲压用压力机主要分为曲柄压力机、螺旋压力机（摩擦压力机）、多工位自动压力机、冲压液压机、冷冲压模具回转头压力机、高速压力机、精密冲裁压力机、电磁压力机等。曲柄压力机是冲压加工时广泛采用的冲压设备。

1. 曲柄压力机的分类

曲柄压力机（又称为冲床）按床身结构不同，可分为开式、闭式两种，见表1—4—1。

表1—4—1　　曲柄压力机按床身结构分类

分类	说明	图示
开式曲柄压力机	开式曲柄压力机的床身前面、左面和右面三个方向是敞开的，操作空间大，因此模具的安装、调整和操作都很方便。但床身刚度较差，压力机在工作负荷的作用下会产生变形，影响加工精度 开式曲柄压力机的吨位比较小，一般在200 t以下	

续表

分类	说明	图示
闭式曲柄压力机	闭式曲柄压力机床身左右两侧是封闭的，只能从前后方向接近模具，装模距离较远，操作不太方便。但因床身为框架结构，刚度较好，所以冲压精度高 压力超过 250 t 的大、中型曲柄压力机，以及精度要求较高的小型冲床常采用此种结构形式	

2. 曲柄压力机的结构组成与工作原理

（1）结构组成

曲柄压力机虽然机身结构形状和吨位有很大差别，但是都有三个基本部分：传动系统、工作机构和机身。

1）传动系统。它由电动机、带轮、带、齿轮、传动轴等组成。它的作用是将电动机运动传递给工作机构。为了控制压力机的工作，传动系统中装有离合器和制动器。

2）工作机构。它主要由曲柄、连杆和滑块等组成。它的作用是将曲柄的旋转运动变为滑块的往复运动，实现曲柄压力机的动作要求。

3）机身。它把压力机所有部分连成一个整体，传动系统和工作机构都安装在机身上。

除此之外，为了保护人身和机器的安全，压力机还有人身安全装置和过载保护装置。为了满足工艺要求，一些压力机还设有顶出和压边用的装置。

（2）工作原理

图 1—4—1 所示为曲柄压力机传动系统示意图，其工作原理为：电动机通过 V 带驱动大带轮，通过传动轴上的小齿轮与曲轴的大齿轮啮合，使得曲轴旋转，通过连杆带动滑块上下运动。曲柄压力机滑块行程为曲柄长度的 2 倍。模具的上模部分就装在滑块下面，而下模部分装在工作台上。滑块的往复运动完成冲压生产所需要的操作。

3. 曲柄压力机的型号

曲柄压力机的型号由汉语拼音字母和数字组成，如 JC23G－63A，具体含义如下：

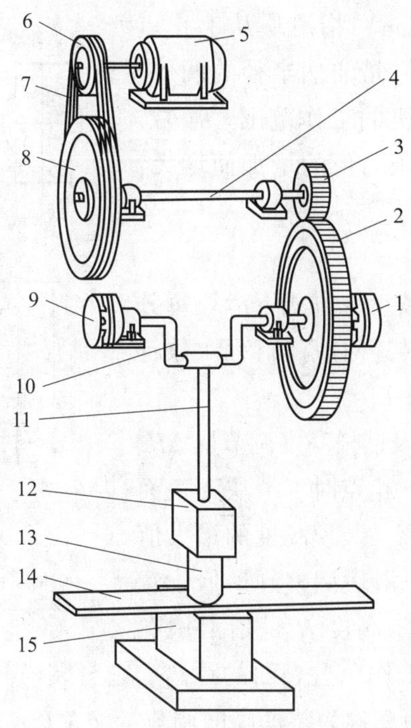

图 1—4—1 曲柄压力机传动系统示意图

1—离合器 2—大齿轮 3—小齿轮 4—传动轴 5—电动机 6—小带轮 7—V 带 8—大带轮 9—制动器 10—曲轴 11—连杆 12—滑块 13—上模 14—板材 15—下模

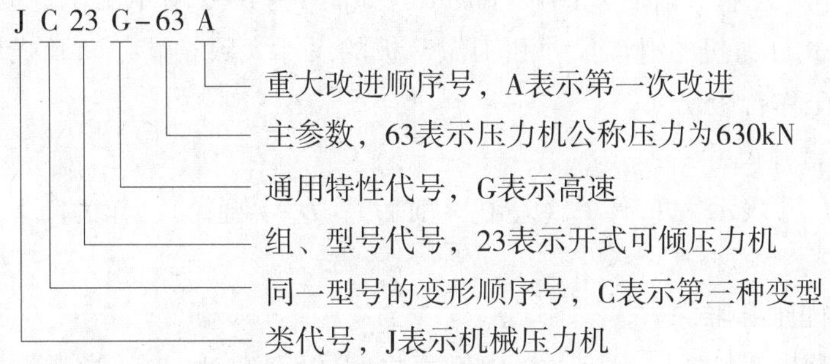

4. 曲柄压力机的主要技术参数

压力机的技术参数反映一台压力机的工艺能力、所能加工制件的尺寸范围以及有关生产率指标，同时也是选择、使用压力机和设计模具的重要依据。图 1—4—2 所示为曲柄压力机的主要尺寸参数。

（1）公称压力 F_g 及公称压力行程 S_g

曲柄压力机的公称压力 F_g（单位：kN）是指曲柄旋转至下止点前某一特定距离（或某一特定转角）时滑块所能承受的最大作用力。此特定距离称为公称压力行程 S_g（单位：mm），特定转角称为公称压力角 α_g（单位：°）。公称压力系列：主要取优先数系列，如 63、100、160、250、400…。

（2）滑块行程 S

滑块行程 S（单位：mm）指滑块从上止点到下止点所经过的距离。它是曲柄半径的两倍。滑块行程的大小反映压力机的工作范围。通常，滑块行程随压力机的公称压力值的增加而增大；部分压力机的行程是可调的。

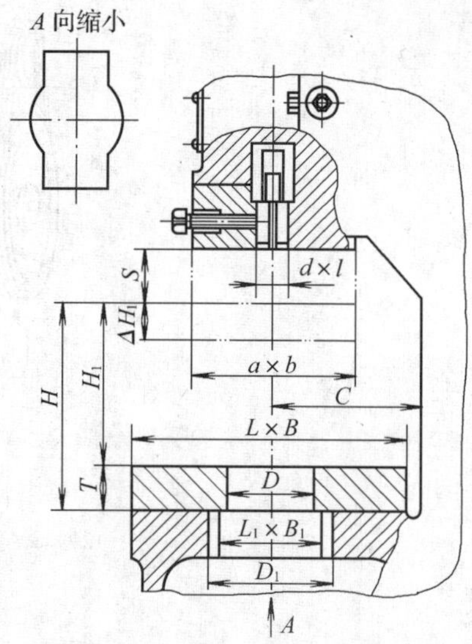

图 1—4—2　曲柄压力机主要尺寸参数

（3）滑块行程次数 n

滑块行程次数 n 指连续工作方式下滑块每分钟能往返的次数，与曲柄转速对应。行程次数越多，压力机的生产效率越高。

（4）最大装模高度 H_1 及装模高度调节量 ΔH_1

装模高度是指滑块在下止点时，滑块下表面到工作台垫板上表面的距离。装模高度的最大值称为最大装模高度（H_1）。滑块调整到最低位置时得到最小装模高度。封闭高度 H 是指滑块在下止点时，滑块下表面到工作台上表面的距离。它与装模高度之差等于工作台垫板的厚度 T。装模高度调节的距离称为装模高度调节量（ΔH_1）。

（5）工作台板及滑块底面尺寸

这是指压力机工作空间的平面尺寸。工作台板（垫板）的上表面和滑块下表面（即底面）均用“左右 × 前后”的尺寸表示，如图 1—4—2 所示工作台板的 $L \times B$ 和滑块的 $a \times b$。闭式压力机的滑块尺寸和工作台板的尺寸大致相同，而开式压力机滑块下表面尺寸小于工作台板尺寸。

（6）工作台孔尺寸

工作台孔尺寸表示为 $L_1 \times B_1$（左右 × 前后）、D_1（直径），作为向下出料或安装顶出装置的空间。

（7）立柱间距和喉深 C

立柱间距是指双柱式压力机立柱内侧面之间的距离。喉深是指滑块中心线至机身的前后方向的距离，它是开式压力机特有的参数。

（8）模柄孔尺寸

模柄孔尺寸表示为 $d \times l$（直径 × 孔深），冷冲压模具模柄尺寸应和模柄孔尺寸相适应。

5. 压力机的选用

（1）压力机类型的选择

在生产过程中选择压力机是一个重要的环节。压力机与生产效率有直接关系。压力机类型的选择原则如下：

1）中、小型冲裁模、拉深模、弯曲模应选择单柱、开式压力机。

2）大、中型冷冲压模具应选择双柱、四柱压力机。

3）批量大的产品自动模应选择高速压力机或多工位自动压力机。

4）批量小且材料厚的大型冲件应选择液压压力机。

5）校平、弯曲、整形模应选择大吨位、双柱及四柱压力机。

6）冷挤压模或精冷冲压模具选应选择专用冷挤压机及精冲专用压力机。

（2）压力机规格的选用原则

1）公称压力。压力机的公称压力应为计算压力（模具冲压力）的1.2~1.3倍。

2）电动机功率。电动机功率应能满足完成冲压加工工序的所需要的总功率大小。

3）工作台面及滑块平面尺寸。工作台面及滑块平面尺寸应能保证冷冲压模具安装牢固和正常工作，漏料孔应大于或能通过所有制件及废料。

4）滑块行程次数。滑块行程次数应能满足最高生产效率。

5）压力机的结构。压力机的结构要根据工作类别及零件性质选择，应备有特殊装置和夹具（如缓冲器推出装置、送料及卸料装置）。

6）装模高度。模具闭合高度应在设备装模高度的可调节范围内，上、下极限位置处应留5 mm余量。

7）滑块行程。拉深时，要求滑块行程大于2倍的拉深高度。

8）模具安装空间。模具安装空间包括工作台面尺寸、模柄孔尺寸，上、下模座面不宜超出滑块底面（尤其在滑块两侧导轨处）。

9）安全性能及使用性能。压力机应保证使用时操作方便且安全。

二、压力机安全操作规程

1. 压力机操作前的准备工作

（1）正确穿戴规定的劳动护具（如工作服、工作鞋、工作帽等），如图1—4—3所示。严禁穿裙子、拖鞋、高跟鞋及挽袖子、不穿上衣。

（2）检查安全操作工具或安全装置是否完好，工位布置是否符合工艺要求，工位器具是否完好齐全。检查设备主要螺钉有无松动，模具有无裂纹，如图1—4—4所示。

（3）清理压力机工作台的台面及工作场地周围的废料和杂物（图1—4—5），并将模具、工作台擦拭干净。

图1—4—3 正确穿戴防护用具

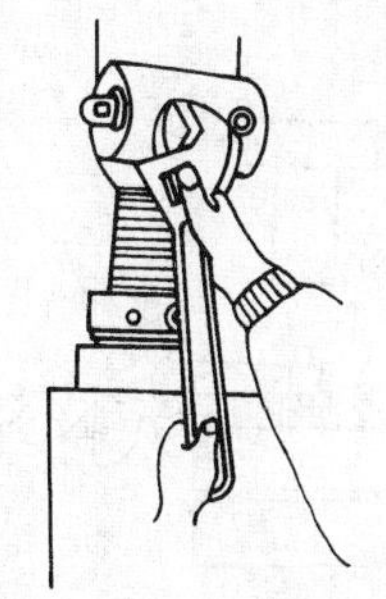

图1—4—4 检查设备有无松动

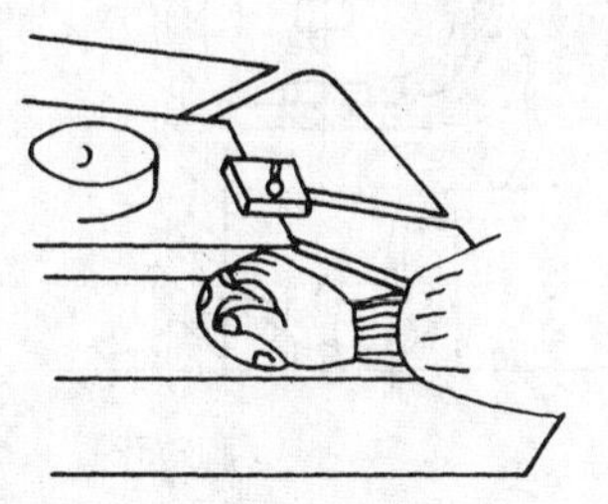

图1—4—5 清理工作台杂物

（4）检查润滑系统有无堵塞或缺油（图 1—4—6），并按规定润滑机床。

（5）启动压力机前，检查压力机周围是否有检修人员（图 1—4—7）。

（6）检查局部照明情况。

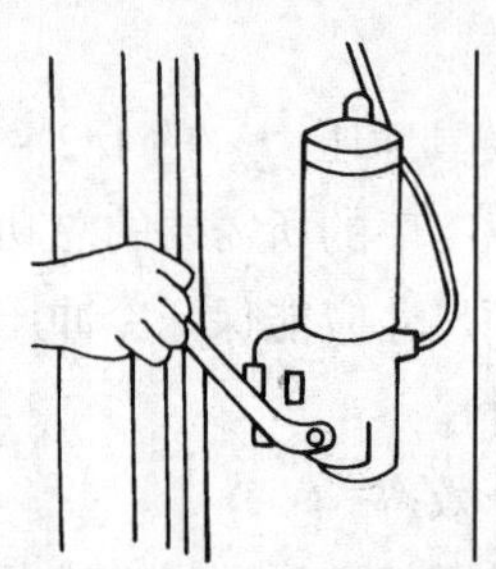

图 1—4—6　检查润滑系统

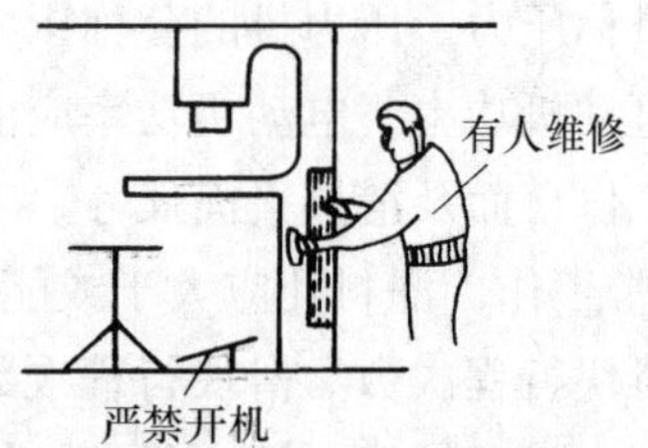

图 1—4—7　检查有无检修人员

通过上述检查和确认后，方可开机试运行。通过试运行，检查机床离合器、制动器、脚踏开关是否灵活好用。

2. 压力机操作过程中的注意事项

（1）操作时应注意力集中，不准打闹、说笑和打瞌睡等。注意滑块运行方向，滑块下行时，操作人员的手不得停在危险区内（图 1—4—8）。

（2）两人共同操作一台机床时，应注意协调配合（图 1—4—9）。

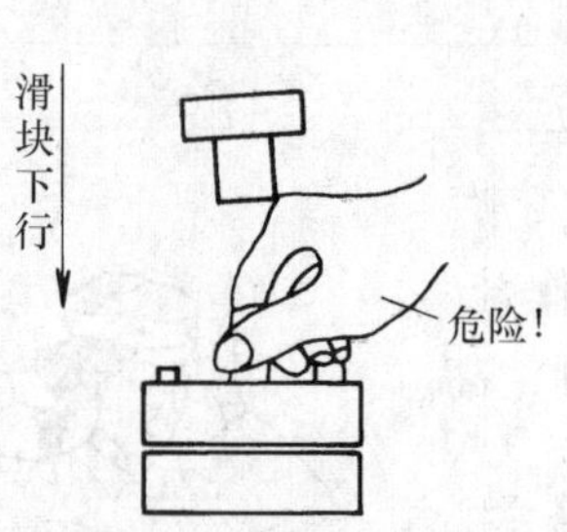

图 1—4—8　手不得停在危险区内

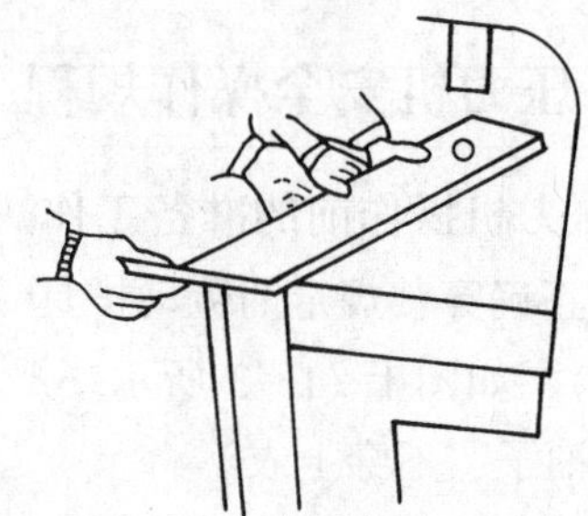

图 1—4—9　两人协调配合

（3）从冷冲压模具中取出卡住的制件或废料时，必须把脚从脚踏开关上移开，必要时应停止飞轮运转（图 1—4—10）。按工艺要求使用专用工具（如电磁吸具、镊子、空气吸盘、钳子、钩子）送料或取制件，以防发生事故，如图 1—4—11 所示。

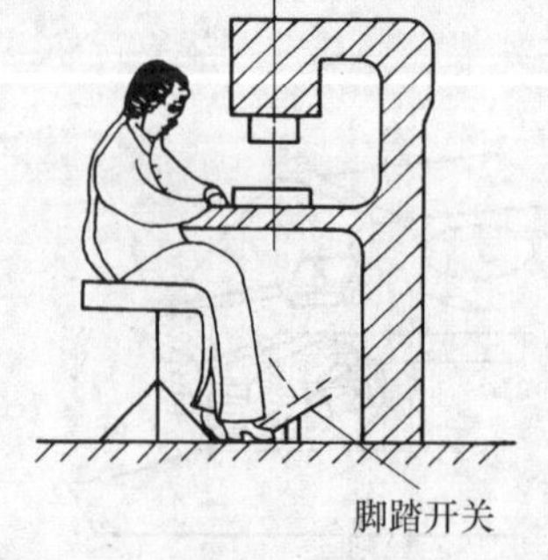

图 1—4—10　脚和手离开操纵机构

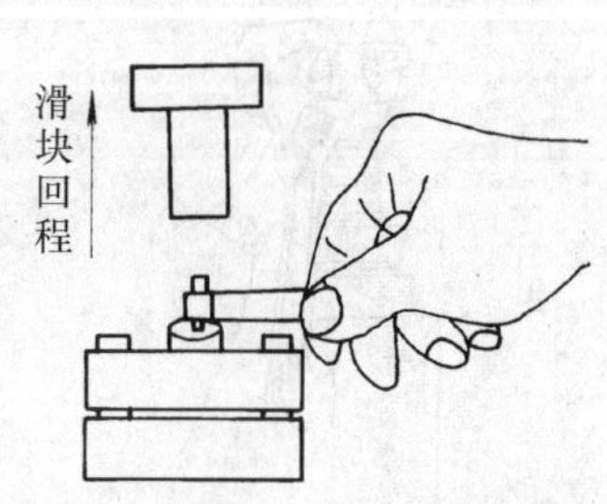

图 1—4—11　用专用工具送料和取件

（4）每加工一个零件，手或脚要离开操纵机构（图 1—4—10），以免在取、送料时误操作而发生事故。

（5）安装模具时必须将压力机的电气开关调到“寸动”位置（图 1—4—12），然后将滑块移动到下止点，高度必须正确。严禁使用脚踏开关。

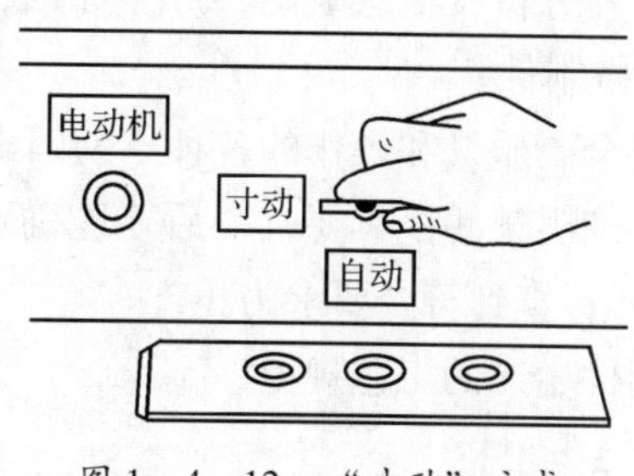

图 1—4—12 “寸动”方式

3. 压力机结束工作

下班前，要关闭压力机的电源开关。对于有缓冲器的压力机要放出缓冲器内的空气，关闭气阀（图 1—4—13）；在模具工作部位涂上润滑油（图 1—4—14）。

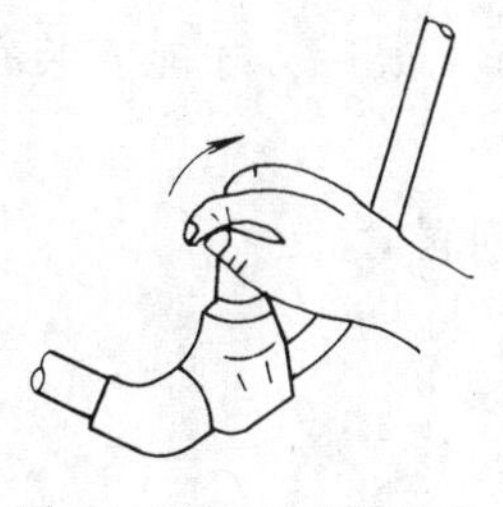
图 1—4—13 关闭气阀

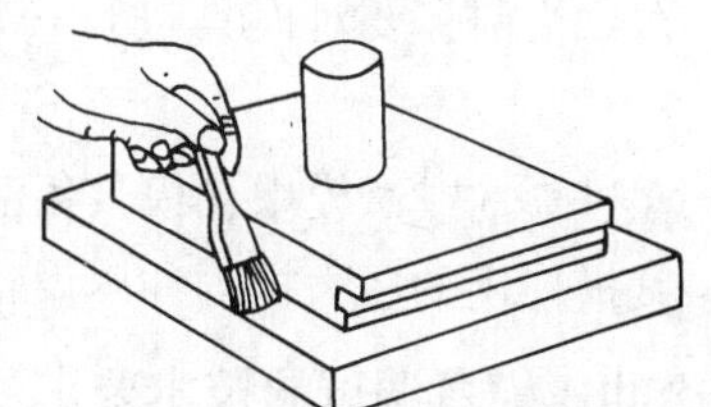
图 1—4—14 在模具工作部位涂上润滑油

三、冷冲压模具调试工艺

冷冲压模具在压力机上安装后，要通过试冲对制件的质量和模具的性能进行综合检测和评价。要全面、认真地分析试冲中出现的各类问题，找出产生的原因，并对冷冲压模具进行适当的调整与修整，以最终得到质量合格的制件。

1. 调试的目的

（1）发现模具设计及制造中存在的问题，以便对原设计、加工与装配中的工艺缺陷加以改进和修整，以制出合格的制件来。

（2）通过试模与调整，初步提供制件的成型条件及工艺规程。

（3）试模及调整后，可以确定前一道工序的毛坯准确尺寸。

（4）验证模具质量及精度，作为交付生产的依据。

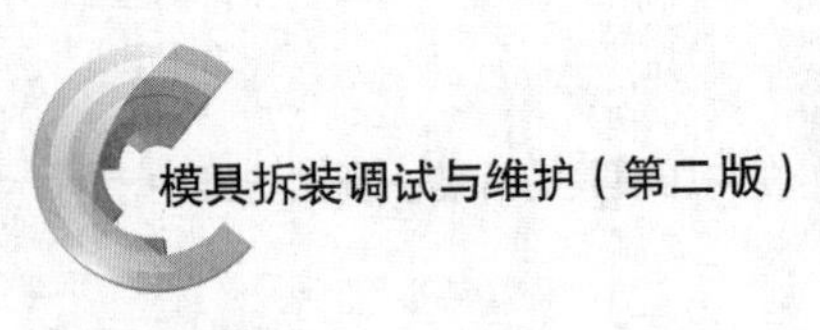

2. 调试的内容

（1）将模具安装在指定的压力机上。

（2）用指定的坯料在模具上试冲制件。

（3）检查成品的质量，并分析其质量缺陷、产生原因，修整后再试冲，直至完成一批完全符合图样要求的合格制件。

（4）排除影响生产、安全、质量和操作的各种不利因素。

（5）根据设计要求，确定出某些模具要试冲后才能确定的尺寸（如拉深模首次落料坯料尺寸）。修正这些尺寸，直到符合要求为止。

（6）经试模后，编制制件生产的工艺规范。

3. 调试的注意事项

（1）试模材料的性能与牌号、厚度均符合图样要求。

（2）冷冲压模具用的试模材料宽度应符合工艺图样要求。如果是连续模，其试模材料的宽度要比两块导料板的间隔距离小0. 1 ~0. 15 mm。

（3）冷冲压模具试模用的条料在长度方向上一定要保证平直。

（4）在压力机上试模时，模具一定要处于紧固状态，不允许松动。

（5）在试模前，要对模具进行一次全面检查。检查无误后，才能安装在压力机上。

（6）在试模前或试模中，模具各活动部位要加润滑剂润滑。

（7）试模使用的压力机等冲压设备要符合要求。

4. 冷冲压模具调试的技术要求

（1）调试基本技术要求

冷冲压模具在装配后，应经外观检查和空载检验合格后才能进行试模。

1）模具外观。要按照冷冲压模具技术条件对模具外观进行检验。

2）试模材料。用于试模的材料必须经过检验，并符合技术协议的规定要求。冲裁模允许用材料相近、厚度相同的材料代用；大型冷冲压模具的局部试冲，允许用小块材料代用。

3）试冲设备。试冲的设备必须符合工艺规定，设备精度必须符合有关标准规定要求。

4）试冲最少数量。小型模具试冲数量不少于50件；硅钢片试冲数量不少于200件；自动冷冲压模具试冲连续时间不少于3 min；试冲件数无规定时，每道工序试冲件为3 ~10个；贵重金属材料的试冲数量根据具体情况而定。

5）制件质量。制件断面应均匀，不允许有夹层及局部脱落和裂纹现象。试模毛刺不得超过规定数值，尺寸公差及表面质量应符合图样要求。冲裁模制件出现毛刺的允许值见表1—4—2。

表 1—4—2　　冲裁模制件出现毛刺的允许值（参考）　　mm

材料抗拉强度 R_m（MPa） \ 材料厚度 t（mm）		<0.4	0.4~0.6	0.6~1	1~1.6	1.6~2.5	>2.5
<250	1 级	0.03	0.04	0.04	0.05	0.07	0.10
	2 级	0.04	0.05	0.06	0.07	0.10	0.14
250~400	1 级	0.02	0.03	0.04	0.04	0.07	0.09
	2 级	0.03	0.04	0.05	0.06	0.09	0.12
400~630	1 级	0.02	0.03	0.04	0.04	0.06	0.07
	2 级	0.03	0.04	0.05	0.06	0.08	0.10
>630	1 级	0.01	0.02	0.03	0.04	0.05	0.07
	2 级	0.02	0.03	0.04	0.05	0.07	0.09

注：1. 表中 1 级用于较高要求；2 级用于一般要求。
2. 硅钢片材料用表中 2 级数值。

6）入库。模具入库时，应附带检验合格证。

（2）凸模进入凹模的深度

在安装过程中，冲裁厚度小于 2 mm 时，凸模进入凹模的深度不应超过 0.8 mm，硬质合金模具不超过 0.5 mm。拉深模、弯曲模应采用试冲方法，确定凸模进入凹模的深度。拉深模在调试时，可先把试件套在凸模上，当其全部进入凹模内，即可将其固定。试件的壁厚应大于被冲制件的厚度。弯曲模在调试时，可将试件放在凸、凹模之间，借助试件确定凸模进入凹模的深度。

（3）凸模与凹模的相对位置

冷冲压模具安装后，凸模的中心线应与凹模工作平面垂直；凸模与凹模的间隙应均匀。可以利用直角尺、塞尺测量，或通过试件状况检查。

5. 冷冲压模具的调试要点

（1）凸、凹模刃口位置的调整要点

冷冲压模具的凸、凹模间隙要合理。应保证凸、凹模的位置配合，凸模进入凹模的深度适中，不能太深或太浅，以冲下合适的零件为准。凸、凹模位置的调整是依靠调节压力机连杆长度来实现的。

（2）凸、凹模间隙均匀的调整要点

对于有导向零件的冷冲压模具，其调整比较方便。只要保证导向件运动顺利而无发涩现象，即可保证间隙值。对于无导向的冷冲压模具，可以在凹模刃口周围衬以紫铜皮或硬纸板进行调整，也可以用透光及塞尺测试方法在压力机上调整，直到上、下模的凸、凹模互相对中且间隙均匀后，才能进行试冲。

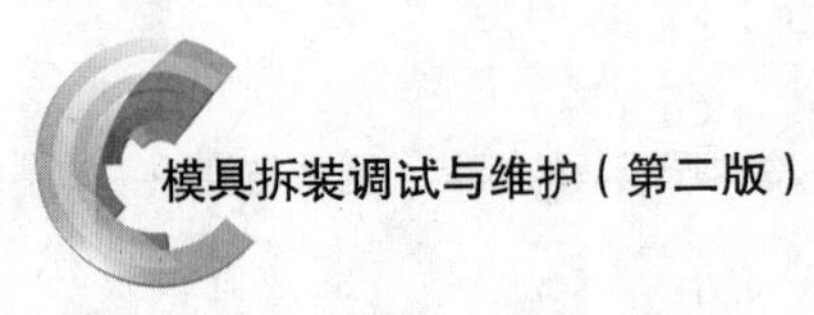

（3）定位装置的调整

检查定位销、定位块、定位杆等定位零件是否稳定，是否合乎定位要求。如果定位零件的位置不合适，应调整、找正。在调整位置时，应保证其定位的稳定性。如果定位零件的形状不准确，应及时更换。修边模与冲孔模的定位零件形状应与前道工序形状相吻合。

（4）卸料系统的调整

1）卸料板形状应与冲压件服帖。

2）卸料弹簧、橡胶板等弹性元件的弹力应足够大。

3）卸料板的行程要足够长。

4）凹模刃口应无倒锥，以便于卸件。

5）漏料孔和出料槽应畅通无阻。

6）顶杆、卸料板应顺利推出制件。如果发现缺陷，应采取措施予以消除。

四、冷冲压模具的维护与管理

冷冲压模具的日常维护与管理工作对改善冷冲压模具的技术状态、保证制件质量和确保生产顺利进行至关重要。冷冲压模具日常维护与管理的内容主要包括以下几个方面：

1. 冷冲压模具技术状态的鉴定

通过分析模具技术状态的鉴定结果，制件的质量缺陷，模具的磨损程度、损坏的原因等，可制订冷冲压模具修理方案及确定其维护方法。这对延长冷冲压模具的使用寿命，降低生产成本以及提高冷冲压模具质量与技术制造水平都是十分必要的。

冷冲压模具技术状态的鉴定可以分为两种情况，采用相应的方法。新模具制成和冷冲压模具修理后的技术状态是通过试模来鉴定的；而在使用过程中冷冲压模具的技术状态主要是通过检查制件质量状况和冷冲压模具工作状态来鉴定。

（1）模具性能的检查

冷冲压模具的性能可以通过检查成型零件和导向、卸料、定位、安全防护装置进行鉴定。

1）成型零件的检查。结合制件的质量情况，在模具工作中或工作后，对模具的成型零件进行检查。例如，检查冲裁模的凸、凹模是否有裂纹、损坏，是否严重磨损，间隙是否均匀，间隙大小是否合适，刃口是否锋利等。如果冲裁件有毛刺，说明凸、凹模刃口变钝及间隙不均，应进行必要的修整。

2）导向装置的检查。检查导向装置的导柱、导套及导向板是否有严重磨损，配合间隙是否过大，安装在模板上是否松动。

3）卸料装置的检查。检查冷冲压模具的推件及卸料装置动作是否灵敏可靠，顶杆是否弯曲、折断，卸料用的橡胶及弹簧的弹力大小，工作起来是否平稳，有无严重磨损及变形。

4）定位装置的检查。检查定位装置是否可靠，定位销及定位板有无松动及严重磨损。结合制件质量的检查，如果制件的外形及孔位发生变化及质量不符合要求，应考虑定位装置可能出了问题，必须严格检查。

5）安全防护装置的检查。为了保证冲压工作安全可靠，冷冲压模具中一般设有安全防护装置（如防护板等）。应着重检查其使用的可靠性，动作是否灵敏、安全。

（2）制件质量的检查

模具的技术状态直接表现在制件质量上。因此，制件的质量检查是鉴定模具技术状态的重要手段。对制件质量的检查应分三个阶段进行：

1）制件的首件检查。冷冲压模具安装到压力机上并经过调整后，试冲时应进行制件的首件检查。即对首次冲压出的制件，详细检查其尺寸精度、几何形状，并与冷冲压模具未安装时试件的测定值进行比较，以检查冷冲压模具的安装及使用是否正确。

2）冷冲压模具使用中制件的检查。冷冲压模具在使用过程中，应随时对制件进行质量检查，以及时了解冷冲压模具在使用中的工作状态和磨损程度。其主要检查方法是：测量制件的尺寸、几何精度；观察制件的毛刺状况。

3）制件的末件检查。当冷冲压模具使用完毕，应对最后几个制件进行详细的检查。应根据工序性质检查制件的质量状况，如冲裁件主要检查外形尺寸、孔位变化及毛刺变化情况；拉深件主要检查拉深形状、表面质量及尺寸变化状况；弯曲件主要检查弯曲圆角、形状位置变化状况。通过末件质量检查结果及所冲件的数量，来判断冷冲压模具的磨损状况或冷冲压模具有无修理的必要，以预防冷冲压模具下一次使用时发生事故或中断生产。

通过分析模具性能、制件质量，基本上可以确定模具的技术状态，并以此为主要依据决定冷冲压模具修理及报废意见。在做冷冲压模具技术状态鉴定时，对于每副冷冲压模具都应建立技术鉴定档案，将每一次的技术状态、鉴定结果、处理意见等填入档案，以备查询及管理，保证对冷冲压模具正确、合理的使用。

2. 冷冲压模具的保养

为了保证正常生产，提高制件质量，延长冷冲压模具的使用寿命，改善冷冲压模具的技术状态，应对冷冲压模具进行保养。冷冲压模具的保养应贯穿在模具的使用、修理和保管等各个环节之中，主要包括以下几方面内容：

（1）使用前的检查

1）冷冲压模具在使用前，要对照工艺文件进行检查，所使用的模具是否正确，规格、型号是否与工艺文件一致。

2）操作者应了解冷冲压模具的使用性能、结构特点及作用原理，并熟悉其操作方法。

3）检查所使用的冷冲压模具是否完好，使用的冲压材料是否符合制件零件图的要求，防止由于原材料质量不佳而损坏冷冲压模具。

4）检查冲压设备的参数（如压力机的行程、吨位及漏料孔大小等）是否与所使用的冷冲压模具配套。

5）检查冷冲压模具在压力机上的安装是否正确，上、下模板是否紧固在压力机上。

6）在冲压设备启动前，一定要检查冷冲压模具内外有无异物，所冲压的毛坯是否干净、整洁。

（2）使用过程中的检查

1）冷冲压模具试冲制件的开始几件要按图样仔细检查，合格后再正常进行批量生产。

2）冷冲压模具在使用中，要遵守操作规程，防止乱放、乱砸、乱碰。

3）在工作中，要随时检查冷冲压模具运转情况，发现异常现象，随时进行维护性修理。

4）要定时对冷冲压模具的工作表面及活动配合处进行润滑。

（3）使用后的检查

1）使用后，要按操作规程从压力机上正确地卸下冷冲压模具，不允许乱拆、乱卸，以避免损坏冷冲压模具。

2）冷冲压模具的吊运应稳妥，慢起、慢放。

3）拆卸后的冷冲压模具要擦拭干净，并涂油防锈。

4）对冷冲压模具停止加工前的最后几个制件进行全面检查，以确定冷冲压模具是否需要维修。

5）检查冷冲压模具使用后的技术状态情况，发现问题及时处理（如螺钉是否松脱而需要拧紧），并完整、及时地将冷冲压模具送入指定地点存放。

（4）冷冲压模具的存放

1）入库时要认真、仔细地检查冷冲压模具，并做好冷冲压模具技术性能的鉴定。

2）冷冲压模具存放时，必须进行分类保管，建立健全的保管档案。

3）应该设专人保管冷冲压模具。

4）存放冷冲压模具的地点或库房一定要干燥且通风良好。

5）长期不用的冷冲压模具要定期擦拭，涂油防锈。

3. 冷冲压模具技术文件的管理

冷冲压模具技术文件的管理方法是：“物、账、卡”相符，分类管理。

（1）模具管理卡

模具管理卡是指记录模具号和名称、模具制造日期、制造单位、制件名称、制件图号、材料规格型号、零件草图、所使用的设备、模具使用条件、模具加工件数及质量状况的卡片，如图 1—4—15 所示。有些还记录有模具技术状态鉴定结果及模具修理、改进的内容等。模具管理卡一般挂在模具上，要求“一模一卡”，一般用塑料袋存放，以免长期使用损坏。在冷冲压模具使用后，要立即填写工作日期、制件数量及质量状况等有关事项，与模具一并交库保管。

模具名称			
件号			
模具编号			
放置货位			
机种			
模高		模重	kg

图 1—4—15 模具管理卡

（2）模具管理台账

模具管理台账对库存全部模具进行登记与管理，主要记录模具号及模具存放、保管地点，以便模具在生产前后及时存取。

（3）模具的分类管理

模具的分类管理是指模具按其种类和使用机床分类进行保管，也有的是按制件的类别分类保管。例如，一个冲压制件要经过冲裁、拉深、成型三个工序才能完成，可将这三个工序所使用的冲裁模、拉深模、成型模统一保存和管理，以便在生产前后方便存取，并且便于根据制件情况进行维护和保养。

在冷冲压生产中，按上述方法应经常对库存冷冲压模具进行检查，使“物、账、卡”相符。发现问题应及时处理，防止影响正常生产。

4. 模具出、入库的管理

（1）入库管理要点

1）新模具入库。必须具有检验合格证，并附带试模的最后几件合格制件。

2）在用模具重新入库。模具在生产后重新入库保存，必须要有技术状态鉴定说明，以确认模具是否可以继续正常使用。

3）修理过的模具入库。必须经检验人员验收合格，才允许入库。

（2）出库管理要点

常见的模具出库流程：企业根据生产计划提前通知模具库管人员准备模具；库管人员随后向调度（即工段长）发出“冷冲压模具传票”，表示计划投入生产的模具已具备生产条件；调度再向模具安装（或使用）人员下达模具安装任务；安装人员接到任务通知，从库房内提取传票所指定的模具，进行安装。

模具出库时，模具库管人员必须完成模具出库手续，包括登记制件名称、图号、模具号等。

模具出、入库管理要求库管人员具有强烈的责任心，对所保管的模具做到心中有数，时刻掌握每套模具的技术状态，以保证生产的正常进行。

5. 模具的库房保管

模具的保管应使模具处于可使用状态。在保管模具时，要注意以下几点：

（1）模具库房应通风良好，防止潮湿，并便于模具的存放及取出。

（2）模具存放前，应擦拭干净，并从导柱顶端的储油孔中注入润滑油，然后盖上纸片，以防止灰尘及杂物落入导套内而影响导向精度。还应在凸模和凹模的刃口处、导套和导柱的接触面上涂防锈油，以防止因长期存放而生锈。

（3）模具应分类存放，摆放整齐。小型模具应放在搁置架上层保管；大、中型模具应放在搁置架底层或库房进口处。模具存放时，特别是大、中型模具，应在上、下模（或动、定模）之间垫上限位木块，以避免卸料装置长期受压而失效。

模具应整体存放，不允许拆开，以免损坏工作零件。

（4）长期不使用的模具应经常检查其保存的完好程度。一旦发现锈斑或灰尘，应及时处理。

6. 模具报废的管理

模具报废的管理应按下述规定进行：

（1）属于自然磨损而又不能修复的模具，应由技术鉴定部门填写报废单，注明报废原因及尺寸磨损变化情况，经生产部门会签后，办理模具的报废手续。

（2）非自然磨损而又不能修复的模具，应由责任者填写报废单，注明报废原因，经生产部门审批后，办理报废手续。

（3）由于零件图改版或制造工艺改造而造成报废的模具，应由设计部门填写报废单，注明改版后的图号及原因，经工艺部门会签后，按自然磨损报废处理。

（4）新模具经试模后确定不合格且无法修复时，应由技术部门组织工艺人员、模具设计人员和模具制造人员共同分析，找出报废原因及改进办法，然后再进行报废处理。

7. 易损件库存量的管理

冷冲压模具经长期使用，工作零件及辅助零件总会发生磨损及损坏。为了使损坏的模具能迅速恢复到原来的技术状态，缩短修理周期，应在工厂备件库中储备一定数量的易损件，但库存量不用太大。为了避免由于备件管理不善而影响生产，或由于供应不及时而造成生产停歇，每一副模具应确定出易损件种类，在库中每种应至少有2~3个备用件。

常用的易损件除储备一定数量，做到及时更换外，还必须采取各种措施，以适应生产上的需要。例如，容易损坏的零件可改用韧性较高的模具材料制作；容易磨损的零件应采用耐磨的优质合金钢及硬质合金材料制作。如果出现模具的某种易损件消耗量较大，应分析原因，采取相应措施。

技能训练

制件设计、冷冲压工艺、冷冲压模具设计以及制造中任何一个环节存在缺陷，都会在冷冲压模具调试中得到反映，影响模具的质量。因此，必须对模具进行调试，根据试件出现的问题，分析产生的原因并设法加以解决，以使模具最终能冲压出合格的制件，达到正常生产的要求。本课题以三类常见模具（冲裁模、弯曲模、拉深模）为例，完成冷冲压模具安装与调试的操作。

一、冷冲压模具调试前的准备

1. 准备资料

在进行冷冲压模具调试前应准备相关的技术资料，主要包括模具装配图、试模报告（模板见表1—4—3）、冷冲压工艺过程卡（模板见表1—4—4）等。

表1—4—3　　试模报告（模板）

<table>
<tr><td colspan="4">×××公司试模报告</td></tr>
<tr><td>模具编号</td><td></td><td>冲压设备型号</td><td></td></tr>
<tr><td>试模时间</td><td></td><td>试制工件数量</td><td></td></tr>
<tr><td>材　　料</td><td></td><td>试 模 人 员</td><td></td></tr>
</table>

<table>
<tr><td colspan="3">试模记录</td></tr>
<tr><td>序号</td><td>试模问题</td><td>解决方案</td></tr>
<tr><td></td><td></td><td></td></tr>
<tr><td></td><td></td><td></td></tr>
<tr><td></td><td></td><td></td></tr>
<tr><td></td><td></td><td></td></tr>
</table>

表1—4—4　　冷冲压工艺过程卡（模板）

<table>
<tr><td rowspan="2">冲压工艺卡</td><td>产品型号</td><td></td><td>零部件名称</td><td></td><td>共　页</td></tr>
<tr><td>产品名称</td><td></td><td>零部件型号</td><td></td><td>第　页</td></tr>
<tr><td>材料牌号及规格</td><td>材料技术要求</td><td>坯料尺寸</td><td>每个坯料可制零件数</td><td>毛坯质量</td><td>辅助材料</td></tr>
<tr><td></td><td></td><td></td><td></td><td></td><td></td></tr>
</table>

<table>
<tr><td>工序号</td><td>工序名称</td><td>工序内容</td><td>加工简图</td><td>设备</td><td>工艺装备</td><td>工时</td></tr>
<tr><td></td><td></td><td></td><td></td><td></td><td></td><td></td></tr>
<tr><td></td><td></td><td></td><td></td><td></td><td></td><td></td></tr>
<tr><td></td><td></td><td></td><td></td><td></td><td></td><td></td></tr>
<tr><td></td><td></td><td></td><td></td><td></td><td></td><td></td></tr>
<tr><td></td><td></td><td></td><td></td><td></td><td></td><td></td></tr>
<tr><td></td><td></td><td></td><td></td><td></td><td></td><td></td></tr>
</table>

<table>
<tr><td></td><td></td><td></td><td></td><td></td><td></td><td></td><td></td><td>绘制（日期）</td><td>审核（日期）</td><td>会签（日期）</td></tr>
<tr><td>标记</td><td>签字</td><td>日期</td><td>标记</td><td>处数</td><td>更改文件号</td><td>签字</td><td>日期</td><td></td><td></td><td></td></tr>
</table>

冷冲压模具装配图除了含有模具装配视图外，还包含了制件图、排样图、冲压设备的要求等。由模具装配图可以分析模具的基本结构及工作原理，明确冲压设备型号等基本信息。通过冷冲压工艺过程卡，明确制件冲压工艺过程中涉及的材料牌号、坯料尺寸、工艺装备等主要信息。在试模过程中需要认真填写试模报告，试模结束后仍需要再次整理模具的存档资料。

2. 检查冷冲压模具安装条件

检查内容如下：

（1）模具的闭合高度是否与压力机相适应。

（2）压力机的公称压力是否满足冷冲压模具的冲压要求。

（3）冷冲压模具的安装槽（孔）位置是否与压力机一致。

（4）顶杆直径及长度和下模座的顶杆位置是否与压力机相适应。

（5）打杆的长度与直径是否与压力机上的打料机构相适应。

3. 检查压力机的技术状态

（1）检查压力机的制动器、离合器及操作机构是否工作正常。

（2）检查压力机上的打料螺钉，并把它调整到适当位置，以免调节滑块的闭合高度时顶弯或顶断压力机上的打料机构。

4. 检查冷冲压模具的质量

（1）根据冷冲压模具图样清点模具零件是否齐全。

（2）了解冷冲压模具的调整与试冲有无特殊要求。

（3）检查冷冲压模具表面是否符合技术要求。

（4）根据冷冲压模具结构，预先考虑试模程序及前后相关联的工序。

（5）检查模具工作部分、定位部分是否符合图样要求。

二、冲裁模初装与试冲

1. 启动压力机，把压力机滑块上升到上止点，如图1—4—16所示。

2. 清理压力机滑块底面、压力机台面和冷冲压模具上、下表面的杂物，并擦拭干净。

3. 将压力机滑块运动至下止点位置（图1—4—17），用直尺测量滑块下表面至工作台面的距离（图1—4—18），同时测量模具高度。模具高度应略小于压力机的装模高度。

4. 把模具吊装在压力机台面合适的位置上。将滑块慢慢降到下止点，同时使模柄对准模柄安装孔，如图1—4—19所示。

5. 松开连杆楔紧块，如图1—4—20所示。

6. 调整滑块高度（图1—4—21），使滑块下表面与冷冲压模具上表面慢慢接触直至吻合，如图1—4—22所示。

7. 用螺钉将模柄锁紧，如图1—4—23所示。

图 1—4—16 滑块在上止点并调整螺栓

图 1—4—17 滑块在下止点位置

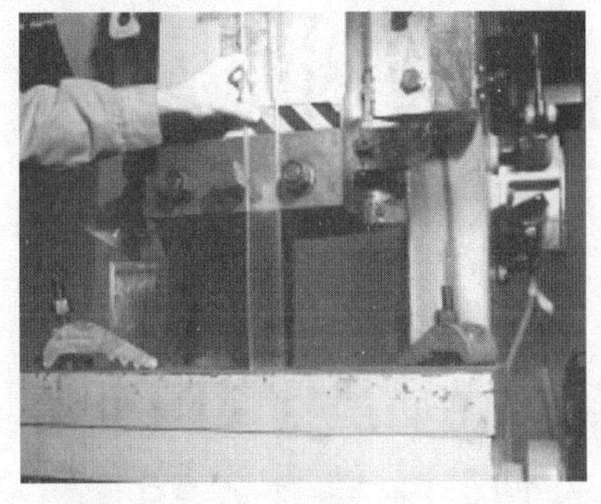

图 1—4—18 测量滑块下表面至工作台面的距离

图 1—4—19 模柄对准模柄安装孔

图 1—4—20 松开连杆楔紧块

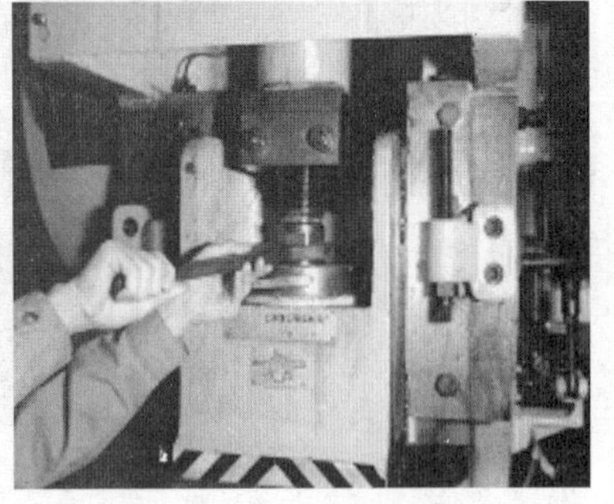

图 1—4—21 调整滑块高度

8. 将下模初步固定在压力机工作台的台面上，如图 1—4—24 所示。
9. 用纸片或薄铝片等材料在模具上试冲，如图 1—4—25 所示。
10. 用制件材料在模具上试冲，如图 1—4—26 所示。

图 1—4—22　滑块下表面和模具上表面吻合

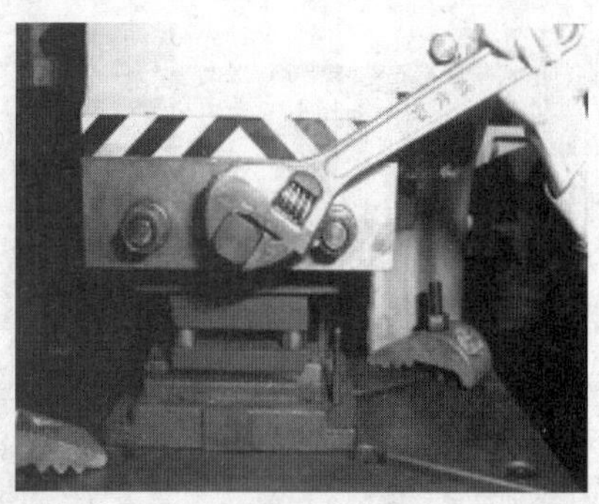

图 1—4—23　锁紧模柄

图 1—4—24　初步固定下模

图 1—4—25　用纸片等试冲

图 1—4—26　用制件材料试冲

三、无导向机构的弯曲模初装与试冲

1. 安装模具

弯曲模的上模部分通过模柄安装在压力机的模柄孔内，其下模部分通过压板固定在压力机的工作台台面上。弯曲模上、下模的安装方法与冲裁模类似。

2. 调整上、下模位置

无导柱、导套的弯曲模的上模部分的运动需要依靠压力机导轨导向。为了保证凸模与凹模工作表面完全贴合，在加工凸、凹模时要保证其工作表面的宽度尺寸。在保证零件加工精度的前提下，模具安装中可利用精密靠铁贴合在凸模、凹模的侧平面上来保证安装位置。图1—4—27所示为简单的无导向机构弯曲模上、下模位置调整情况。

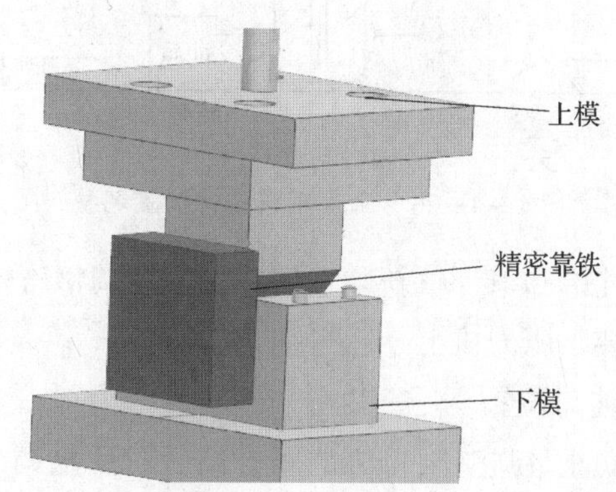

图1—4—27 简单的无导向机构弯曲模上、下模位置调整

3. 调整间隙

弯曲模间隙是靠调整压力机的闭合高度来控制的。调整时，首先将模柄装在压力机滑块上的模柄孔内；再把事先制作的样板放在模具的工作位置上（凹模内）；然后调节压力机连杆，滑块调整到下止点时，上模既能压实样板又不发生硬性顶撞及“咬死”现象；最后用压板固定下模，但不能将螺钉拧得过紧。此时，再调整间隙。其方法是：在凸、凹模之间垫一块比坯料略厚的垫片（一般为弯曲坯料厚度的1～1.2倍），继续调节连杆长度，一次次地用手扳动飞轮，直至滑块能正常地通过下止点而无阻滞现象为止。

四、无导向机构的拉深模初装与试冲

1. 初装模具

拉深模初装时，上模部分通过模柄安装在压力机的模柄孔内，下模部分可以通过压板固定在压力机的工作台台面上。

2. 调整上、下模径向位置

课题三中的拉深模属于无导柱、导套的敞开模，上模的运动只是依靠压力机导轨导向。为了保证凸模与凹模工作表面间隙均匀，调整步骤如下：

（1）将压料板卸除。

（2）利用模柄将上模装配体安装在压力机上。

（3）将预先准备的试制样件包裹于凸模外圆周面。

（4）缓慢调节压力机连杆，使上模随滑块慢慢向下运动，使凸模慢慢进入凹模内，然后用压板锁紧下模，如图 1—4—28 所示。

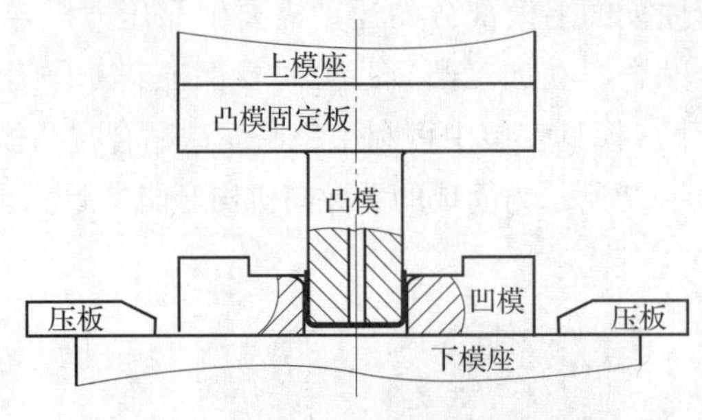

图 1—4—28　上、下模径向位置调整

（5）将上模从模柄孔中卸下，重新装上压料板，并调整压料板位置。

（6）再次将上模安装于压力机上。

3. 调整上、下模轴向位置

调整上、下模轴向位置即调整压力机的闭合高度。反复调节连杆长度，并且多次用手扳动飞轮，直至滑块通过下止点时制件能进入漏料孔，如图 1—4—29 所示。

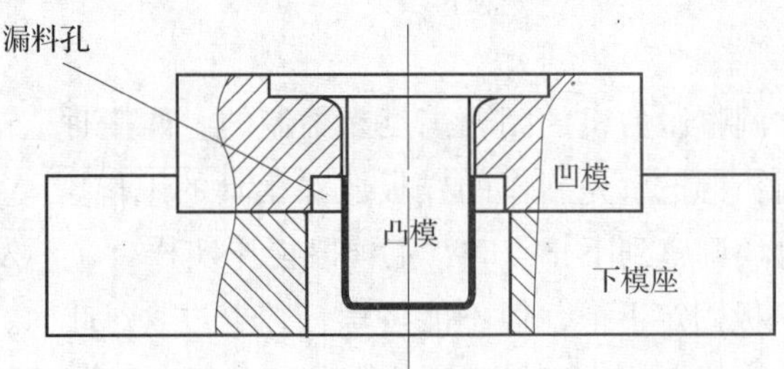

图 1—4—29　上、下模轴向位置调整

五、冷冲压模具试模缺陷分析与解决

冷冲压模具试冲过程中会出现各种问题。应根据试冲过程中的模具动作、送料动作、漏料动作、制件表面质量等，分析试模的缺陷，从而提出解决方案并实施。通过不断修整模具的零件精度、装配效果以及模具在压力机上的安装效果等，最终试冲出足够多的合格制件，方可将调试模具判定为合格的成品模具。冲裁模、弯曲模、拉深模试冲时常见缺陷、产生原因及解决方法分别见表 1—4—5、表 1—4—6、表 1—4—7。

表 1—4—5　　冲裁模试冲常见缺陷、产生原因及解决方法

缺陷	产生原因	解决方法
制件的毛刺大	成型零件的配合间隙小。判断标准是：制件剪切面上光亮带过宽，甚至出现两个光亮带和被挤出的毛刺	可用油石研磨落料模中的凸模或冲孔模中的凹模，使其间隙变大，以达到合理间隙值

续表

缺陷	产生原因	解决方法
制件的毛刺大	成型零件的配合间隙过大。判断标准是：制件剪切面上光亮带太窄，塌角较大，整个断面又有很大倾斜度，且产生断裂毛刺	应更换落料模中的凸模或冲孔模中的凹模
	成型零件的配合间隙不均匀。判断标准是：制件剪切面光亮带宽窄不均，且毛刺偏于一边	应重新调整凸模与凹模的位置，使之配合间隙均匀。如果是配合间隙局部不均匀，应进行局部修整
	凸模刃口不锋利。判断标准是：落料件周边会产生大毛刺，而冲孔件产生大圆角	应刃磨刃口端面。如果因为刃口的硬度较软，应重新淬硬凸、凹模
	凹模刃口不锋利。判断标准是：冲孔件孔边产生大毛刺，落料件产生大圆角	
	凸模、凹模刃口都不锋利。判断标准是：冲孔件和落料件均产生毛刺	
	落料凹模有倒锥。判断标准是：当制件从凹模孔中通过时，制件边缘被挤出毛刺	应将凹模倒锥修磨掉
	模具上、下模闭合时凸、凹模相对位置发生变化，导致间隙不均匀，使制件产生毛刺	更换导柱、导套
	压力机精度不高	应选用精度高的压力机
凸模与凹模刃口相碰，造成“啃刀”	凸模轴线与凹模基准面不垂直	重新安装凸模或导柱、导套，并在装配后进行严格检验，以提高精度
	因为上模座、下模座、垫板、固定板等支承零件的上、下面不平行，所以装配后平行度误差累积，导致凸模、凹模轴心线偏斜	重新装配与检验
	导向件配合间隙比冲裁间隙大	更换导柱或导套，重新研配，使配合间隙合理

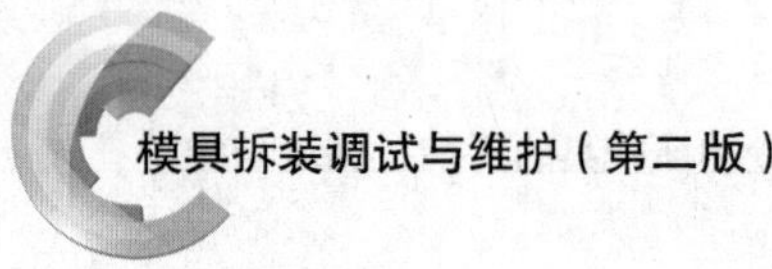

续表

<table>
<tr><th>缺陷</th><th>产生原因</th><th>解决方法</th></tr>
<tr><td>凸模与凹模刃口相碰，造成“啃刀”</td><td>无导向装置的冷冲压模具在压力机上安装不当，机床滑块与导轨间隙过大或间隙不均匀</td><td>重新安装无导向装置的冷冲压模具，或更换精度较高的压力机</td></tr>
<tr><td rowspan="4">制件翘曲不平</td><td>冲裁间隙不合理或刃口不锋利</td><td>选择合理的间隙和用锋利的刃口冲裁，并在模具上增设压料装置或加大压料力</td></tr>
<tr><td>落料凹模有倒锥，制件不能自由下落而被挤压变形</td><td>修磨凹模，去除倒锥</td></tr>
<tr><td>推件块与制件的接触面积过小，推件时制件内孔及外形的边缘处在推件力的作用下易产生翘曲变形</td><td>更换推件块，或加大与制件的接触面积，使制件平起平落</td></tr>
<tr><td>顶出或推出制件时作用力不均匀</td><td>调整模具，使顶件力、推件力均匀</td></tr>
<tr><td rowspan="10">制件内孔与外形的位置偏移</td><td>单工序冷冲压模具中定位零件位置不准确</td><td>重新调整定位零件安装位置</td></tr>
<tr><td rowspan="2">单工序冷冲压模具中定位零件尺寸不准确</td><td>定位零件尺寸偏大时，可修整定位零件的尺寸</td></tr>
<tr><td>定位零件的尺寸偏小时，重新更换尺寸合格的定位零件</td></tr>
<tr><td rowspan="2">级进模侧刃尺寸不准确，导致定距不准确</td><td>侧刃尺寸小于步距，磨削挡料块</td></tr>
<tr><td>侧刃尺寸大于步距，将挡料块移至靠侧刃一侧</td></tr>
<tr><td>级进模侧刃位置不准确，导致定距不准确</td><td>调整侧刃位置，调整量＝制件内孔与外形的误差量÷步数</td></tr>
<tr><td>整体式凹模的各型孔位置不正确</td><td rowspan="2">重新安装、调整凹模，保证步距精度</td></tr>
<tr><td>镶拼式凹模各凹模镶件位置发生偏差</td></tr>
<tr><td rowspan="2">条料送进方向偏离制件的内孔与外形的定位基准轴心线</td><td>如果导料板导向面不平行于制件的内孔与外形的定位基准轴心线，应修整导料板导向面</td></tr>
<tr><td>如果两个导料销的中心线不平行于制件的内孔与外形的定位基准轴心线，应找正导料销位置</td></tr>
</table>

续表

缺陷	产生原因	解决方法
送料不通畅或卡死	导向零件安装不正确	根据情况重新安装导料板、导料销等导向零件
	条料宽度不均	更换宽度均匀的条料
	侧刃与导料板的工作面不平行。判断标准是：冲裁时在条料上形成很大的毛刺或边缘不齐，影响条料的送进	调整侧刃与导料板，使之平行
	侧刃与侧刃挡块不密合	消除侧刃与侧刃挡块之间的间隙，或更换侧刃挡块，使之与侧刃密合
卸料不正常	凸模与卸料板配合间隙过大。判断标准是：卸料时，搭边翻转上翘	修整时更换卸料板，使其与凸模配合间隙缩小
	卸料板与凸模配合过紧	更换卸料板，使其与凸模的配合间隙适中
	卸料板的压料表面与合模方向不垂直	重新装配卸料板，使其压料表面与合模方向垂直
	弹性元件弹力不足	更换弹性元件（橡胶或弹簧等）
	凹模孔相对下模的卸料孔位置偏移	重新装配凹模，使凹模孔与下模的卸料孔对正
	凹模有倒锥	修磨凹模，去掉倒锥
	打料杆或顶料杆长度不够	增加打料杆或顶料杆长度
制件尺寸、几何精度超差	凸、凹模的尺寸、几何精度差	修整凸、凹模，使之达到尺寸、几何精度要求
凹模被胀裂	凹模孔有倒锥	修整凹模孔，消除倒锥
	凹模孔相对下模板漏料孔偏移	重新调整、装配凹模，使凹模孔与下模板漏料孔对中
		加大下模板漏料孔
凸模被折断	卸料板倾斜	修整并调整卸料板
	冲裁产生侧向力	采用侧压板抵消侧压力
	凸、凹模的相对位置变化	重新调整凸、凹模的相对位置

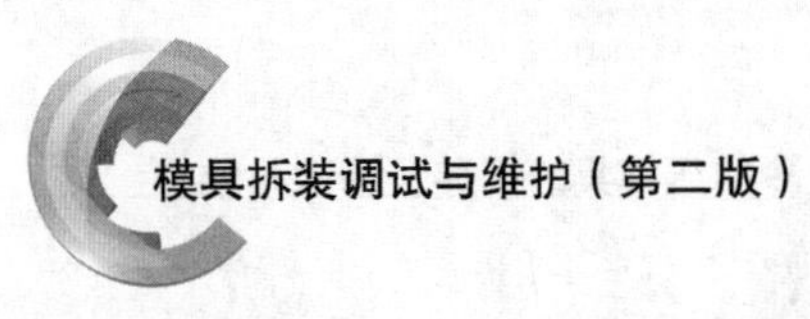

表 1—4—6　　弯曲模试冲常见缺陷、产生原因及解决方法

缺陷	简图	产生原因	解决方法
弯曲零件产生裂纹		（1）弯曲变形区域内有内应力存在，即内应力超过材料强度极限而产生裂纹 （2）在弯曲区外侧有毛刺，造成该处应力集中，使零件破裂 （3）弯曲线与板料的纤维方向平行 （4）弯曲变形过大（弯曲系数太小） （5）凸模圆角太小	（1）更换成塑性好的材料弯曲，或在允许的情况下将板料退火后弯曲 （2）减小弯曲变形量，或选择毛刺的一边放在弯曲内侧进行弯曲 （3）改变落料排样，使弯曲线与板料纤维方向成一定的角度 （4）分两次弯曲，首次弯曲时采用较大的弯曲半径 （5）加大凸模圆角
弯曲件尺寸和形状不合格		冲压件产生回弹造成零件不合格	（1）改弯凸模的角度和形状 （2）增加凹模型槽的深度 （3）减小凸、凹模之间的间隙 （4）矫正变形部分 （5）弯曲前将坯件退火 （6）增大凸、凹模之间的接触面积 （7）V 形弯曲件应减小凸模弯曲角度 （8）模具增设压料装置 （9）改用孔定位方法 （10）修整凸、凹模形状、尺寸，使之达到要求
		毛坯定位不可靠	
		凸、凹模本身没有加工到要求的尺寸精度，或形状不正确	
弯曲件底面不平		（1）卸料杆作用力分布不均匀，卸料时将件顶弯 （2）压料力不足	（1）增加卸料杆数量，使作用力分布均匀 （2）增加压料力

续表

缺陷	简图	产生原因	解决方法
弯曲件表面擦伤或壁部变薄		(1) 凹模圆角太小或表面粗糙 (2) 板料黏附在凹模上 (3) 凸、凹模间隙小，挤压变薄 (4) 压料装置压力太大	(1) 加大凹模圆角，抛光 (2) 凹模表面镀铬或进行化学处理 (3) 加大凸、凹模间隙 (4) 减小压料力
弯曲件出现挠度或扭转		中性层内外变化及收缩、弯曲量不一致	(1) 对弯曲件进行矫正 (2) 材料弯曲前进行退火处理 (3) 改变设计，将弹性变形设计在与挠度方向相反的方向上

表 1—4—7　　拉深模试冲常见缺陷、产生原因及解决方法

缺陷	图示	产生原因	解决方法
凸缘起皱且零件壁部被拉裂		压边力太小，凸缘部分起皱，无法进入凹模而被拉裂	加大压边力
壁部被拉裂		(1) 材料承受的径向拉应力太大 (2) 凹模圆角半径太小 (3) 材料塑性差 (4) 润滑不良	(1) 减小压边力 (2) 增大凹模圆角半径 (3) 使用塑性好的材料，采用中间退火 (4) 加强润滑
凸缘起皱		凸缘部分压边力太小，无法抵制过大的切向变形	增加压边力
		材料较薄	适当加大材料的厚度
边缘呈锯齿状		毛坯边缘有毛刺	修整落料凹模刃口，使间隙均匀，毛刺减少

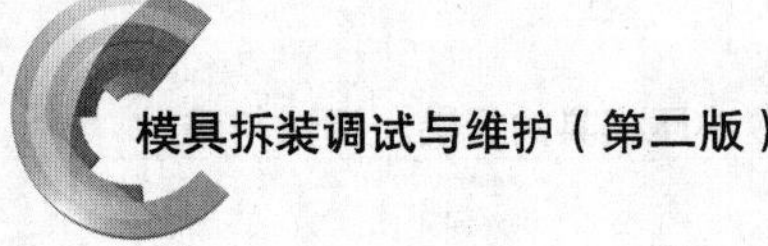

续表

缺陷	图示	产生原因	解决方法
制件边缘高低不一致		(1) 坯件与凸、凹模中心线不重合 (2) 材料厚薄不均匀 (3) 凸、凹模圆角不等 (4) 凸、凹模间隙不均匀	(1) 使坯件中心与凹、凸模中心线重合 (2) 更换厚度均匀的材料 (3) 修整凸、凹模圆角半径 (4) 将间隙调整均匀，或更换材料
制件底部不平		(1) 坯件不平 (2) 顶料杆与坯件接触面太小 (3) 缓冲器弹力不足	(1) 平整毛坯 (2) 改善顶出装置结构 (3) 更换弹簧或橡胶
盒形件直壁不挺直		角部间隙太小	调整凸、凹模角部间隙，减小直壁间隙值
制件壁部拉毛		模具工作部分或圆角上有毛刺	研磨、修光模具的工作表面和圆角
		毛坯表面及润滑剂有杂质	清洁毛坯或使用干净的润滑剂
盒形件角部向内折拢、局部起皱		(1) 材料角部压边力太小 (2) 角部毛坯面积偏小	(1) 加大压边力 (2) 增加毛坯角部面积
台阶形制件局部破裂		凹模及凸模圆角太小，加大了拉延力	加大凸模与凹模的圆角半径
制件完整但成歪件		(1) 排气不畅 (2) 顶杆顶力不均	(1) 加大排气孔 (2) 调整好顶杆位置
拉深高度不够	—	(1) 毛坯尺寸太小 (2) 拉深间隙太大 (3) 凸模圆角半径太小	(1) 加大毛坯尺寸 (2) 调整间隙 (3) 加大凸模圆角半径

续表

缺陷	图示	产生原因	解决方法
断面变薄	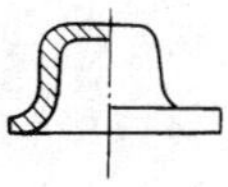	（1）凹模圆角半径太小 （2）间隙太小 （3）压边力太大 （4）润滑不当	（1）增大凹模圆角半径 （2）加大凸、凹模间隙值 （3）减小压边力 （4）毛坯件上涂上合适的润滑剂后再冲压
制件底部被拉脱		凹模圆角半径太小，使材料处于切断状态	加大凹模圆角半径
制件口缘折皱		（1）凹模圆角半径太大 （2）压边圈不起压边作用	（1）减小凹模圆角半径 （2）调整压边圈结构，加大压边力
锥形件斜面或半球形件的腰部起皱		（1）压边力太小 （2）凹模圆角半径太大 （3）润滑油过多	（1）增大压边力或采用拉延肋 （2）减小凹模圆角半径 （3）减少润滑油
盒形件角部破裂	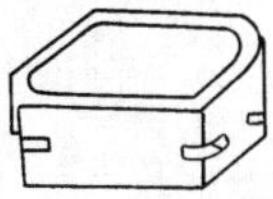	（1）凹模圆角半径太小 （2）间隙太小 （3）变形程度太大	（1）加大凹模圆角半径 （2）加大凸、凹模间隙 （3）增加拉深次数
拉深高度太大	—	（1）毛坯尺寸太大 （2）拉深间隙太小 （3）凸模圆角半径太大	（1）减小毛坯尺寸 （2）加大拉深间隙 （3）减小凸模圆角半径
零件拉深后壁厚与高度不均	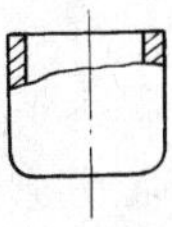	（1）凸模与凹模不同心，向一侧偏斜 （2）定位不正确 （3）凸模不垂直 （4）压边力不均匀 （5）凹模形状有误差	（1）调整凸、凹模位置，使之间隙均匀 （2）调整定位零件位置 （3）调整凸模的垂直度 （4）调整压边力 （5）更换凹模

续表

缺陷	图示	产生原因	解决方法
制件壁厚不均匀和拉深高度不等	—	(1) 凹、凸模轴线不同轴 (2) 凹、凸模的配合间隙不均匀 (3) 凸模安装不垂直 (4) 压料力不均匀 (5) 坯料定位不正确	调整凹、凸模定位，将凹、凸模的配合间隙调整均匀，或重新安装、调整模具
制件周边鼓凸	—	拉延力不足	(1) 增设压料装置 (2) 减小凹模圆角半径 (3) 减小间隙值
制件底面凹陷	—	(1) 模具无排气孔或排气孔太小、堵塞 (2) 顶料杆与制件接触面太小	(1) 加工排气孔，扩大模具通气孔，清理孔道 (2) 修整顶料装置
制件表面拉伤	—	(1) 凹模圆角半径太小 (2) 间隙不匀或太小 (3) 坯料表面的润滑油有杂质	(1) 加大凹模圆角半径 (2) 加大间隙，并调整均匀 (3) 使用干净的润滑油

六、评价

冷冲压模具调试操作评分标准见表1—4—8。

表1—4—8　　冷冲压模调试操作评分标准

考核项目	考核内容及要求	配分	评分标准	检测结果	得分
准备工作	准备与分析纸质资料：能够将冲压工艺卡、模具装配图、试模记录卡等资料准备齐整	9	每缺一份资料，扣3分		
	检查冷冲压模具、压力机技术状态：能够检查模具及压力机的技术状态，并做相应的调整	8	检查不正确或调整不正确，酌情扣分		

续表

考核项目	考核内容及要求	配分	评分标准	检测结果	得分
准备工作	清理安装表面：清理压力机安装表面，无杂物	5	压力机安装表面有杂物，不得分		
初装	模具安放在机台上：保证滑块下表面与冷冲压模具上表面距离大于压力机行程，使用必要的吊装工具将模具安全地放置在机台上	6	操作不规范，每次扣2分		
	紧固上模，初步固定下模：调整滑块至下止点，通过调整连杆长度使滑块下表面与冷冲压模具安装面吻合。用螺钉将上模紧固在压力机上，并将下模初步固定在压力机工作台面上	12	操作不规范，每次扣3分		
	开机找正，固定下模：开机找正，并用压板紧固下模	12	操作不规范，每次扣3分		
	润滑、试冲：开机使滑块至上止点；在导柱上加润滑油，并检查冷冲压模具工作部分有无异物，试冲制件	12	未能冲出制件，不得分；操作不规范，每次扣3分		
调试	分析制件质量：能对照表1—4—5、1—4—6、1—4—7进行产品质量分析，并提出合理的修整方案	6	分析项目错误，每一项扣3分		
	修整：根据修整方案，修整模具并安装，反复试冲，直至冲出合格制件为止	10	制件不合格，扣10分		
安全文明生产	正确执行安全操作规程	5	每违反一项规定，扣2.5分		
	正确穿戴劳保用品（如工作服、工作帽等）	5	穿戴不整齐，不得分		
工时定额	120 min	10	每超过10 min，扣5分；超过30 min，考核不及格		
总计		100			

模块二

注塑模具的拆装、调试与维护

课题一　单分型面注塑模的拆装

一、单分型面注塑模概况

单分型面注塑模又被称为两板式注塑模。这种模具在动模板和定模板之间只有一个分型面。当熔融塑料进入模具型腔冷却成型后，塑件会收缩，从而包裹在动模板内的型芯上，借助推出机构将塑件从动模板内推出，获得成型塑件。单分型面注塑模如图 2—1—1 所示。

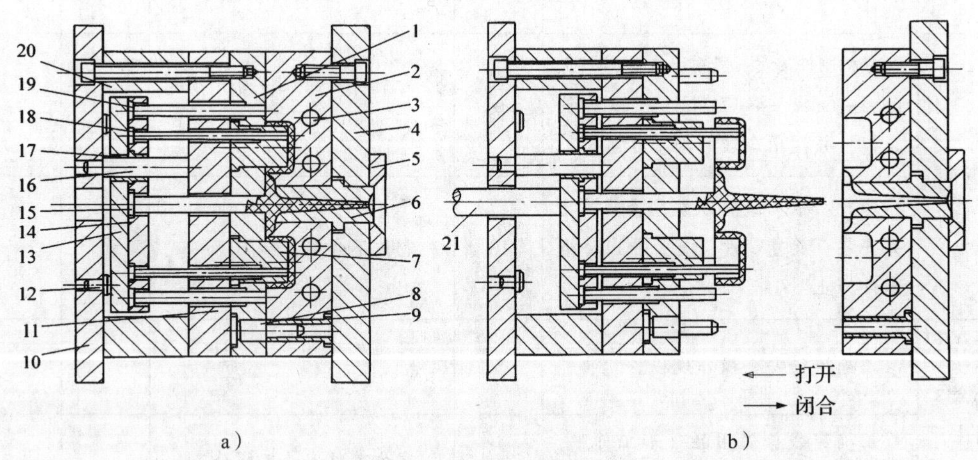

图 2—1—1　单分型面注塑模

a）合模状态　b）开模状态

1—动模板　2—定模板　3—冷却水道　4—定模座板　5—定位圈　6—浇口套　7—型芯　8—导柱　9—导套　10—动模座板　11—支承板　12—支承钉　13—推板　14—推杆固定板　15—拉料杆　16—推板导柱　17—推板导套　18—推杆　19—复位杆　20—垫板　21—注射机顶杆

二、注塑模的拆装工艺要求

在注塑模的制造过程中，为了确保注塑模的装配精度，发挥良好的技术状态和维持应有的使用寿命，既要保证注塑模零件的加工精度，又要保证注塑模的外观要求和安装尺寸要求，还要达到总装配的精度要求，具体见表2—1—1和表2—1—2。

表2—1—1　　注塑模的外观要求和安装尺寸要求

项目	技术要求	图示
模具外露部分	锐边应倒钝，无明显毛刺、划伤等痕迹	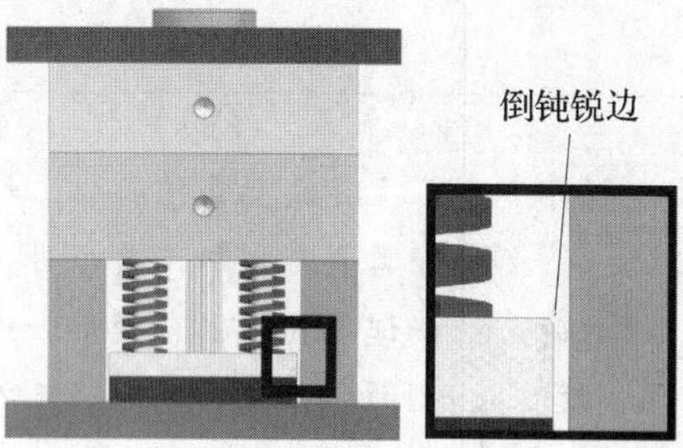
模具安装面	表面应平整、光滑，螺钉、销钉头部不能高出安装基面	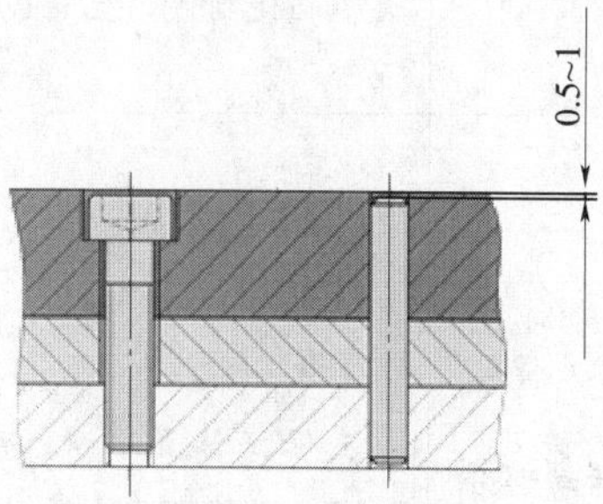
模板厚度及闭合高度	模具装配后，所有模板厚度的总和等于模具闭合高度 闭合高度不能超过注射机最大行程	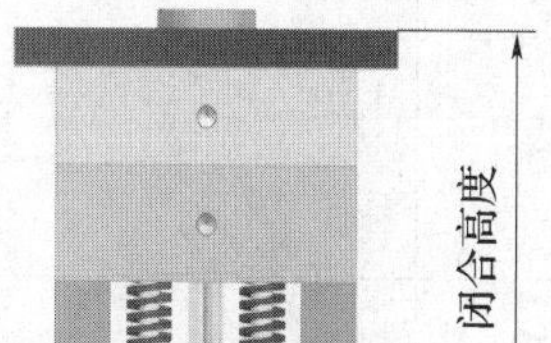
模具编号	装配后，注射模侧面应刻有模具编号或产品零件图号	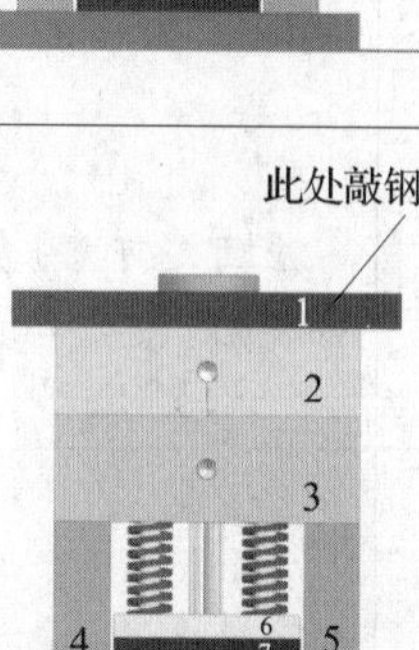

表 2—1—2　　注塑模总装配的精度要求

项目	技术要求	图示
模具零件的工作表面	不允许有机加工纹路和表面损伤等缺陷	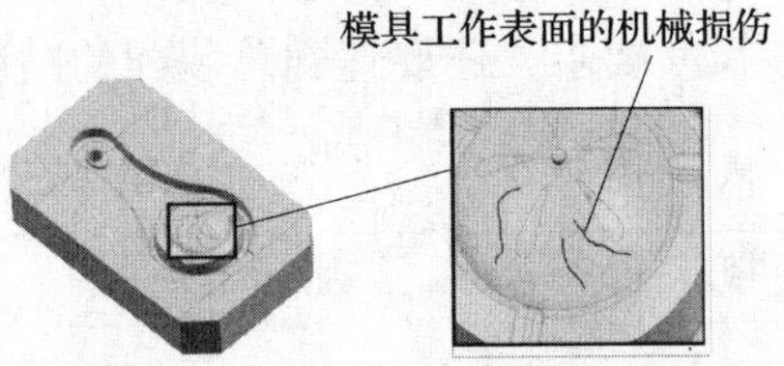
模具零件的位置精度	主要成型零件的加工精度除了需要符合加工要求外，还要保证模具装配合模后，模具分型面的位置精度。模板之间要求互相平行，防止合模间隙过大，而使制件产生飞边	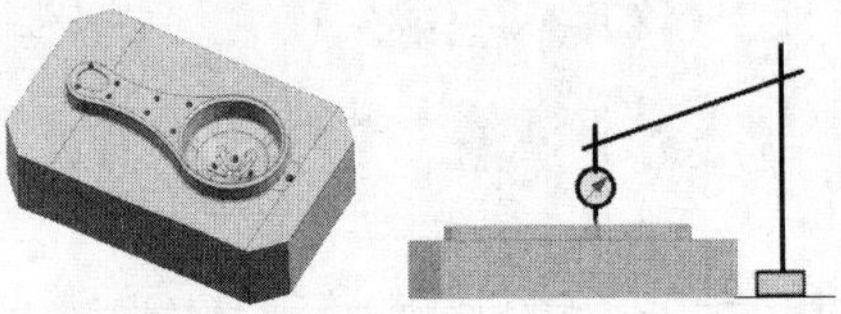
模具的活动部分	应保证位置准确、配合间隙适当、动作可靠、运动平稳	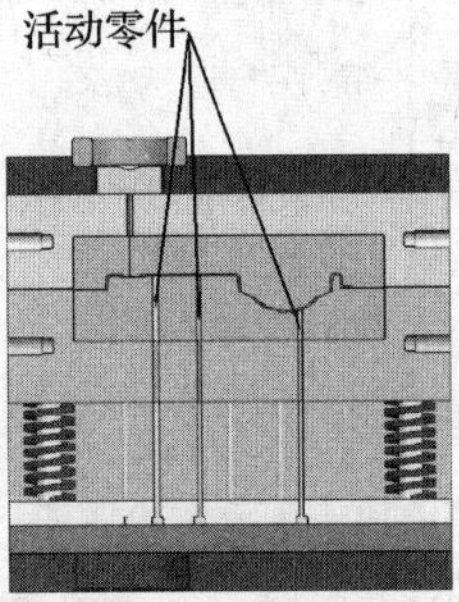
模具的紧固零件	应固定可靠，不得出现松动和脱落	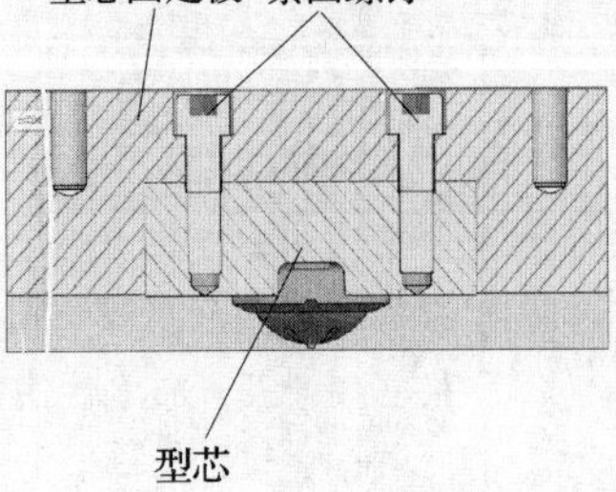

续表

项目	技术要求	图示
配合间隙	模具装配后，型芯与型腔的配合间隙应使塑件的壁厚均匀。上模座沿导柱上、下移动时，应平稳，无滞涩现象，且配合间隙在移动范围内应不大于0.04 mm	

三、注塑模的装配工艺过程

注塑模装配是注塑模制造过程中的重要工序之一。模具零件通过车削、铣削、钻削、磨削、数控加工、电加工等工序加工，并经检验合格后，集中到装配工序中。装配质量的好坏直接影响注塑模的质量。

装配前，须确认注塑模的动模预装件加工是否达到零件图所规定的要求。装配时，动、定模镶件按“先大后小，从整体到局部”的顺序进行装配。动、定模镶件应垫着铜棒压入，不能用铁棒直接敲打，并保持平稳。装配时，不得损伤动、定模镶件的分型面、型面、碰穿面（是指与分型面平行的动、定模贴合面，一般为通孔位置）等，镶件与模板松紧程度适中，装拆方便。装配后，动、定模部分的中心位置符合装配图所规定的要求。注塑模的装配工艺过程如图2—1—2所示。

四、注塑模的装配方法

注塑模装配的工艺方法有互换装配法和非互换装配法。因为模具生产属于单件生产，又具有成套性和装配精度高的特点，所以目前注塑模的装配以非互换法为主。随着模具技术和设备的现代化，模具零件制造精度将逐渐满足互换法装配的要求，互换装配法的应用将会越来越多。

1. 非互换装配法

非互换性装配法主要有修配法和调整装配法。

（1）修配法

在单件、小批量生产中，当装配精度要求高时，如果采用完全互换法，会使相关零件的加工要求很高，不利于降低生产成本。因此，一般采用修配法。

修配法是在某个零件上预留修配量，装配时根据实际需要修整预修面，以达到装配要求的方法。修配法的优点是：能够获得较高的装配精度，而零件的制造精度可以

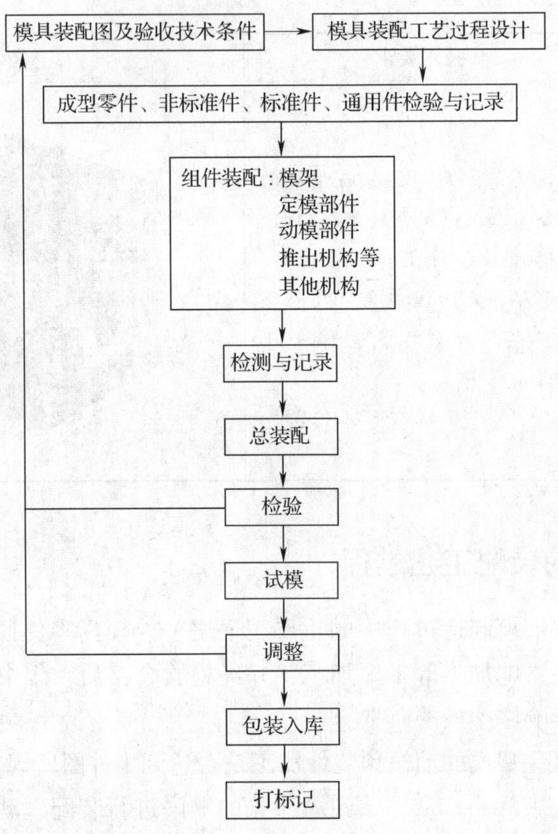

图 2—1—2　注塑模的装配工艺过程

放宽。其缺点是：装配中增加了修配工作量，工时多且不易预先确定，装配质量依赖工人的技术水平，生产效率低。

图 2—1—3 所示为某个注塑模的浇口套组件。浇口套装入定模板后要求其上表面高出定模板 0.02 mm，以便定位圈将其压紧；其下表面则与定模板平齐。为了保证零件加工和装配的经济可行性，上表面高出定模板平面的 0.02 mm 由加工精度保证，下表面则选择浇口套为修配零件。预留高出定模板平面的修配余量 h，将浇口套压入模板配合孔后，在平面磨床上将浇口套下表面和定模板平面一起磨平，使之达到装配要求。

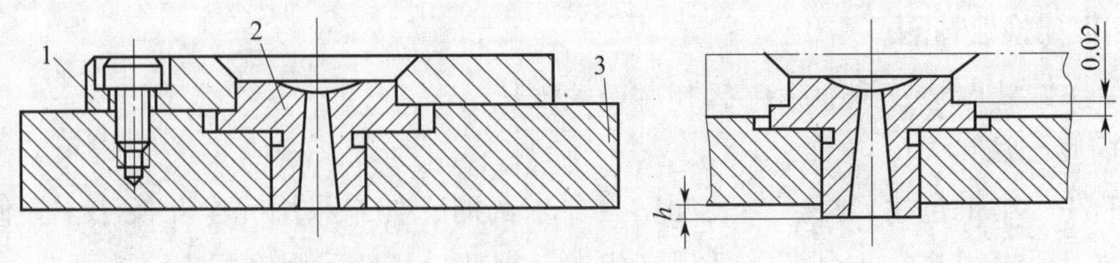

图 2—1—3　修配法装配浇口套组件

1—定位圈　2—浇口套　3—定模板

采用修配法时应注意：

1）应正确选择修配对象。即选择那些只与本装配精度有关，而与其他装配精度无关的零件作为修配对象，再选择其中易于拆装且修配面不大的零件作为修配件。

2）应通过尺寸链计算。合理确定修配件的尺寸和公差，既要保证它有足够的修配量，又不要使修配量过大。

3）应考虑用机械加工方法来代替手工修配，如采用手持电动或气动修配工具。

（2）调整装配法

将各相关模具零件按经济加工精度制造，在装配时通过改变一个零件的位置或选定适当尺寸的调节件（如垫片、垫圈、套筒等）加入到尺寸链中进行补偿，以达到规定装配精度要求的方法称为调整装配法。

图2—1—4所示为注塑模的滑块型芯水平位置的装配调整示意图。根据预装配时对间隙的测量结果，从一套不同厚度的调整垫片中，选择一个适当厚度的调整垫片进行装配，从而达到所要求的型芯位置。

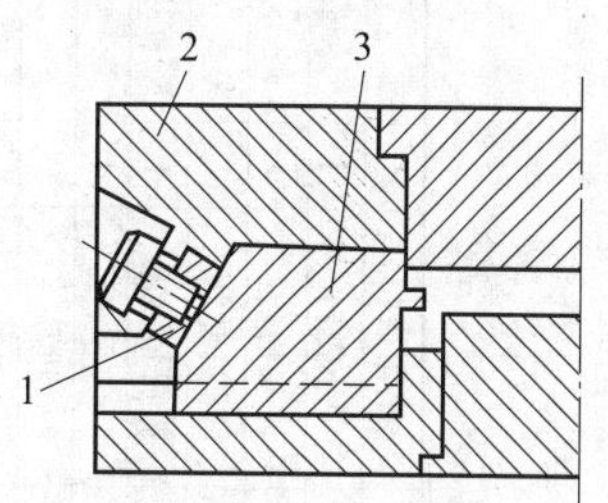

图2—1—4 调整装配法装配滑块型芯

1—调整垫片 2—紧楔块 3—滑块型芯

调整法的优点是：在尺寸链中各组成环按经济加工精度制造的条件下，能获得较高的装配精度，还可以补偿因磨损和热变形对装配精度的影响。其缺点是：需要增加尺寸链中零件的数量，且装配精度依赖工人的技术水平。

2. 互换装配法

装配时，各个配合的模具零件不经选择、修配、调整，组装后就能达到预先规定的装配精度和技术要求，这种装配方法称互换装配法。它是利用控制零件的制造误差来保证装配精度的方法。其原则是各有关零件公差之和小于或等于允许的装配误差。在这种装配中，零件是可以完全互换的。

互换法的优点是：装配过程简单，生产率高；对工人技术水平要求不高，便于流水作业和自动化装配；容易实现专业化生产，降低成本；备件供应方便。但是，与其他装配法相比较，互换法需要很高的零件加工精度，同时要求生产管理水平较高。

技能训练

图2—1—5所示为单分型蛋清分离器注塑模装配图，它用于成型蛋清分离器塑件。本课题要完成该注塑模的拆卸与装配。

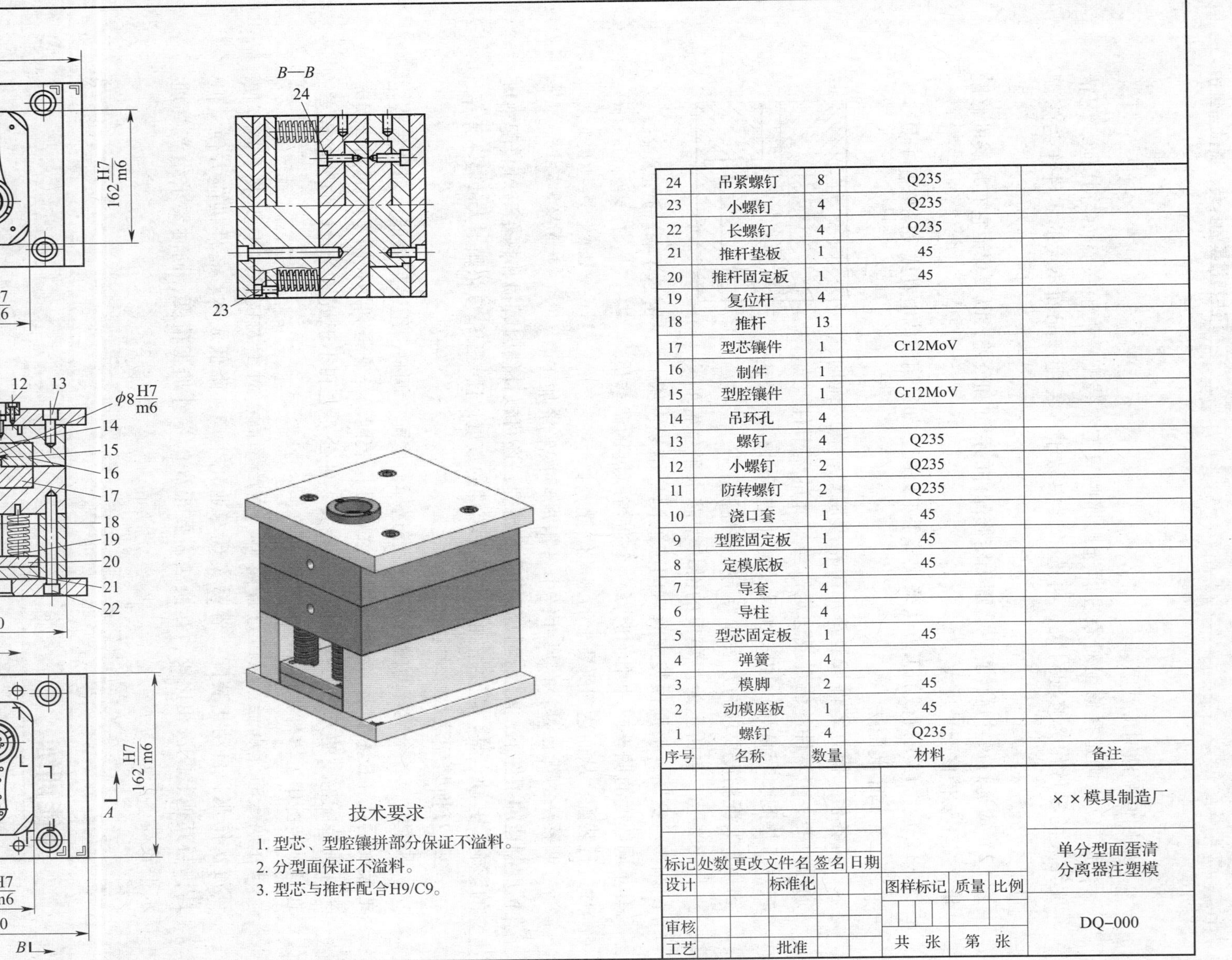

序号	名称	数量	材料	备注
24	吊紧螺钉	8	Q235	
23	小螺钉	4	Q235	
22	长螺钉	4	Q235	
21	推杆垫板	1	45	
20	推杆固定板	1	45	
19	复位杆	4		
18	推杆	13		
17	型芯镶件	1	Cr12MoV	
16	制件	1		
15	型腔镶件	1	Cr12MoV	
14	吊环孔	4		
13	螺钉	4	Q235	
12	小螺钉	2	Q235	
11	防转螺钉	2	Q235	
10	浇口套	1	45	
9	型腔固定板	1	45	
8	定模底板	1	45	
7	导套	4		
6	导柱	4		
5	型芯固定板	1	45	
4	弹簧	4		
3	模脚	2	45	
2	动模座板	1	45	
1	螺钉	4	Q235	

图 2—1—5　单分型面蛋清分离器注塑模装配图

一、单分型面蛋清分离器注塑模的拆卸操作

拆卸前准备工具、设备及用品，参见模块一课题一。单分型面蛋清分离器注塑模的拆卸操作见表2—1—3。

表2—1—3　　单分型面蛋清分离器注塑模的拆卸操作

工序	工步	具体操作	图示
动定模分离	—	徒手分开模具的动、定模。如果不能顺利脱开，可用铜棒敲击动、定模座板	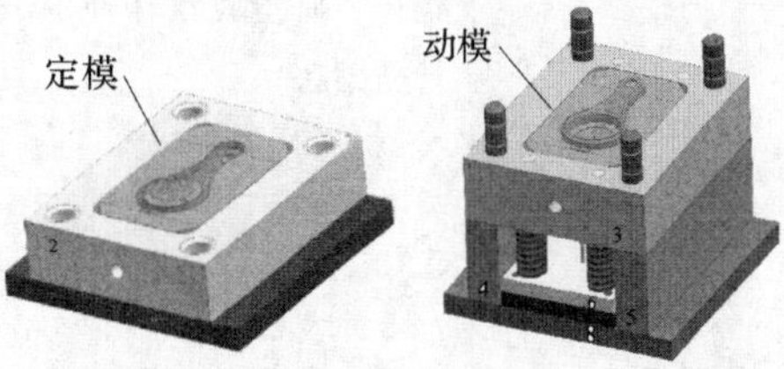 定模 动模
拆卸定模	拆定位圈	用内六角扳手拆卸定位圈上的紧固螺钉，移除定位圈	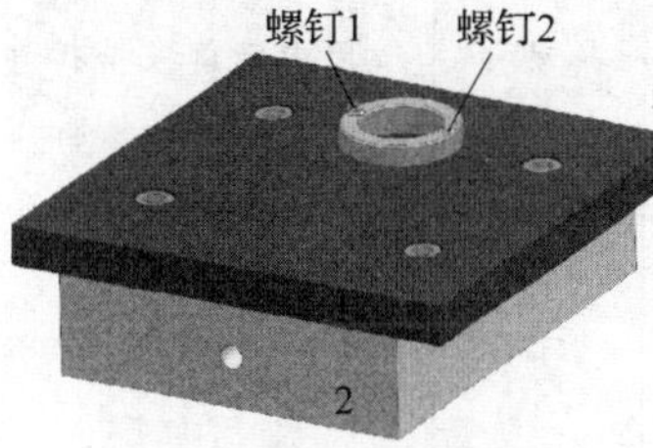 螺钉1 螺钉2
	拆浇口套	用内六角扳手拆卸浇口套上的紧固螺钉，用小铜棒从浇口套底部轻敲浇口套，取下浇口套	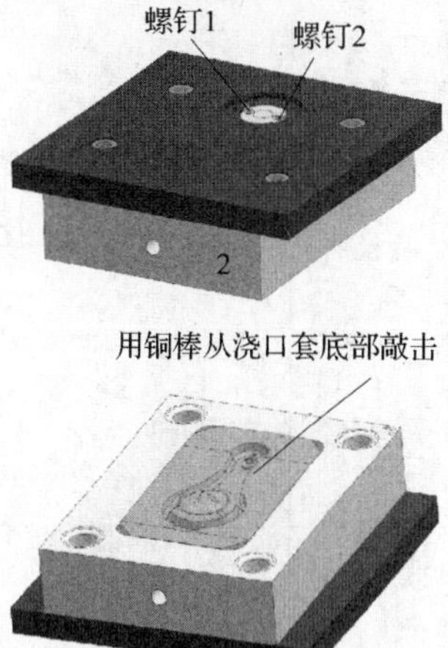 螺钉1 螺钉2 用铜棒从浇口套底部敲击
	拆定模座板	用内六角扳手拆卸定模座上的四个紧固螺钉，移除定模座板	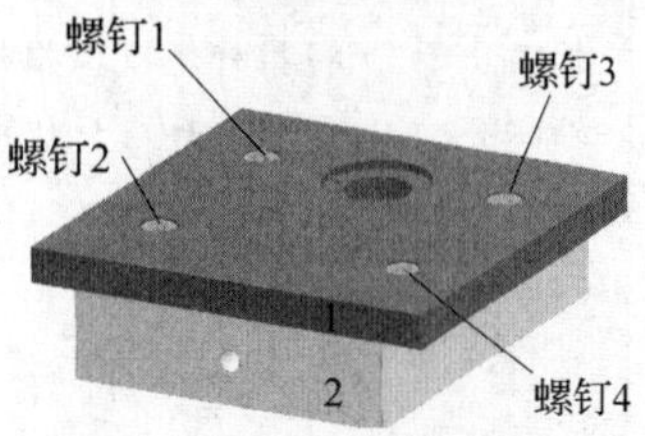 螺钉1 螺钉2 螺钉3 螺钉4

续表

工序	工步	具体操作	图示
拆卸定模	拆型腔镶件	用内六角扳手拆卸连接型腔固定板和型腔镶件的四个螺钉。然后，用小铜棒伸入螺钉孔，顶住型腔镶件底部，用大铜棒敲击小铜棒，将型腔镶件卸下。要注意对角敲击	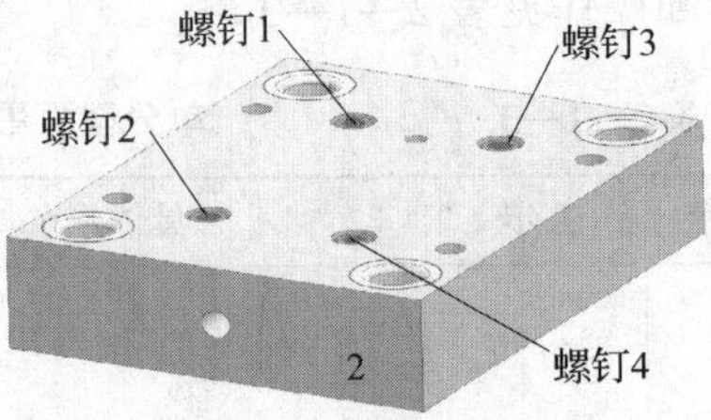
拆卸动模	拆动模座板	用内六角扳手拆卸四枚长螺钉和四枚短螺钉，卸下动模座板	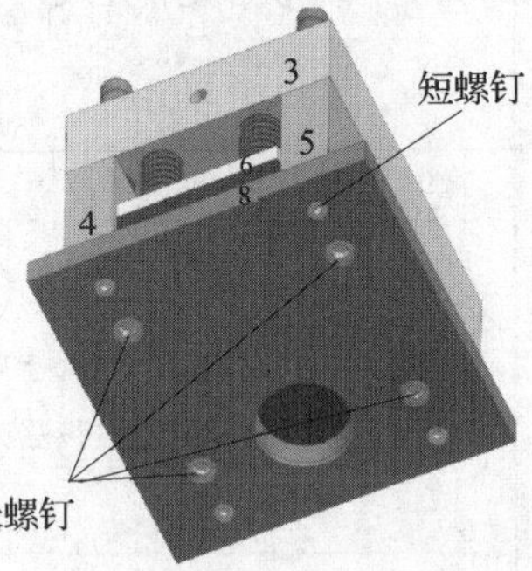
	拆模脚	将模脚卸下并移除	
	拆顶出机构	将推杆垫板、推杆固定板和推杆、复位杆一起拔出	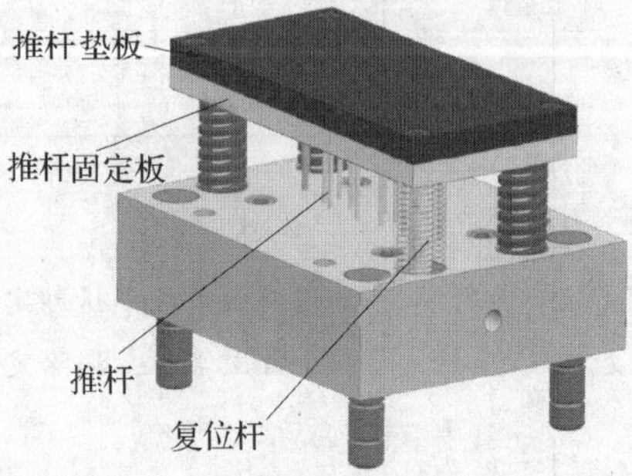

续表

工序	工步	具体操作	图示
拆卸动模	拆推杆垫板	用内六角扳手拆卸四枚螺钉，移除推杆垫板	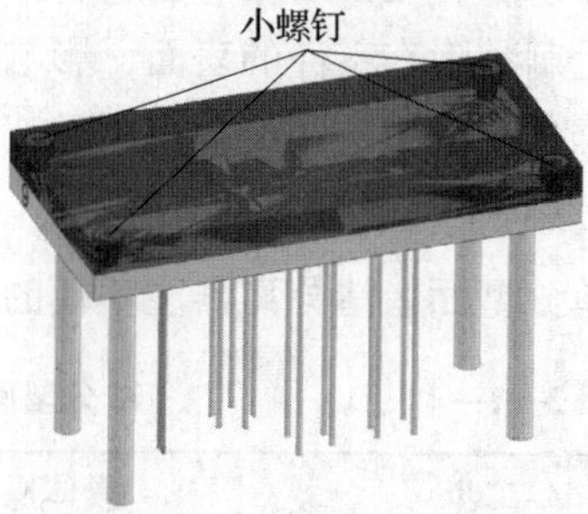 小螺钉
	拆推杆与复位杆	徒手直接拔出推杆和复位杆	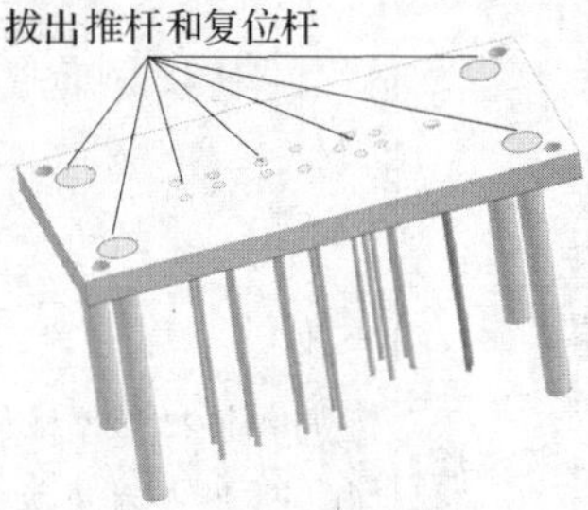 拔出推杆和复位杆
	拆卸弹簧与导柱	徒手移除四根复位弹簧，用铜棒将四根导柱分别敲出	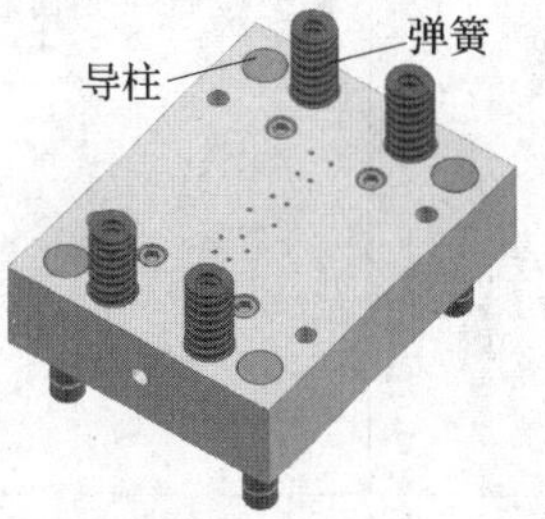 导柱 弹簧
	拆型芯镶件	用内六角扳手拆下连接型芯与型芯固定板的螺钉。然后，用小铜棒伸入螺钉孔，顶住型芯镶件底部，用大铜棒敲击小铜棒，将型芯镶件卸下。要注意对角敲击	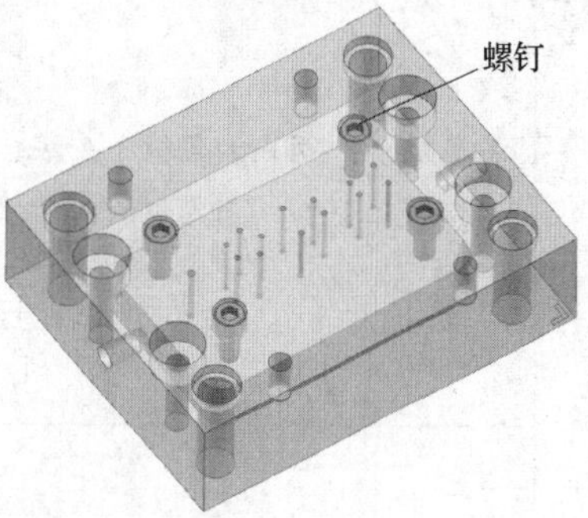 螺钉

二、单分型面蛋清分离器注塑模的装配操作

1. 工作准备

确定装配顺序：注塑模的装配可以先将动、定模分开装配，最后合模完成总装配。

动模部分的装配要注意成型套与固定板之间的配合间隙以及推杆与成型套之间的配合间隙，要确保注塑时没有溢料和飞边。除了保证各个镶件和固定板之间的配合间隙外，还要保证动、定模之间的配合位置。另外，在装配前各个零件需要进行清洗，防止油污或毛刺黏附在零件的表面，影响装配精度和模具寿命。

准备装配工具、设备及用具，参见模块一课题一。

2. 装配操作

单分型面蛋清分离器注塑模的装配操作见表 2—1—4。

表 2—1—4　　单分型面蛋清分离器注塑模装配操作

工序	工步	具体操作	图示
装配定模	装型腔镶件	用铜棒把型腔镶件敲入型腔固定板内，并用内六角扳手安装四枚螺钉，把型腔镶件紧固在型腔固定板上	型腔镶件 螺钉
	装定模座板	用内六角扳手安装、紧固定模座板和型芯固定板的四枚螺钉	螺钉
	装浇口套	用铜棒把浇口套敲入定模座板，并用内六角扳手旋入两枚防转螺钉	浇口套 防转螺钉

续表

工序	工步	具体操作	图示
装配定模	装定位圈	将定位圈放在浇口套上，并用内六角扳手旋紧两枚紧固螺钉	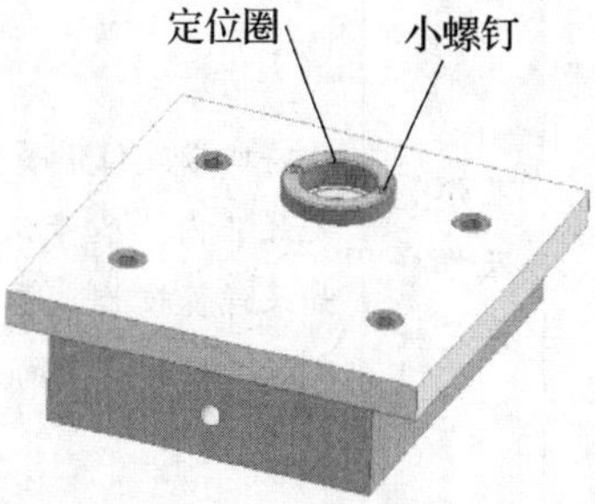
装配动模	装型芯	安装前，要将型芯的安装面擦拭干净，然后用铜棒将型芯敲入型芯固定板内	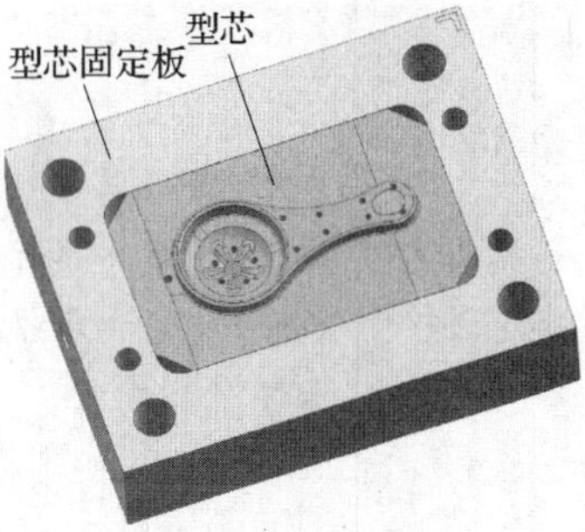
		用内六角扳手将四枚螺钉从固定板下面紧固型芯	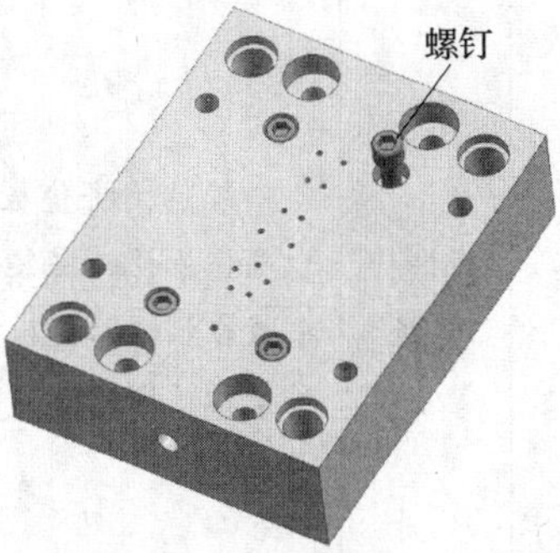
	装导柱	安装前，将导柱孔内壁擦拭干净，以便于安装。然后，用铜棒将四根导柱敲入固定板的导柱孔内	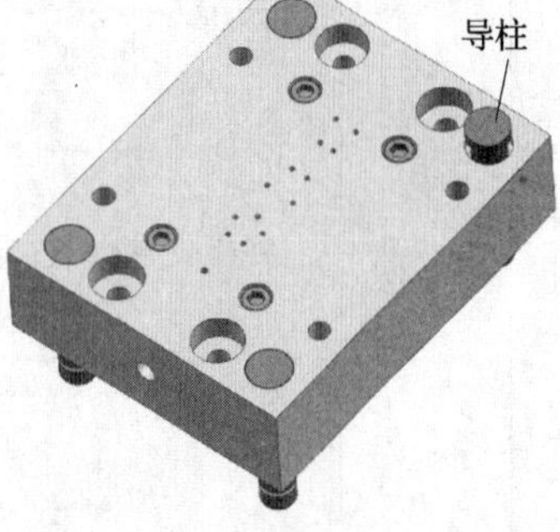

续表

工序	工步	具体操作	图示
装配动模	装弹簧及推杆固定板	将四根复位弹簧放入固定板的弹簧安装孔内，尽量保证弹簧高度一致。如果弹簧较长，需要修剪。将推杆固定板放在弹簧上面	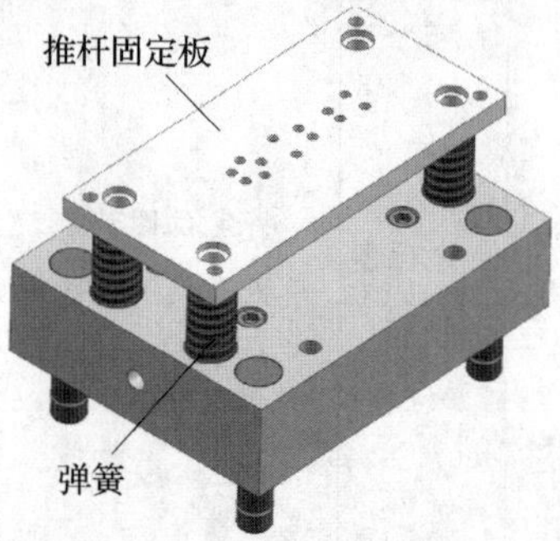
	装复位杆与推杆	先将四根复位杆装入安装孔内，然后把推杆装入推杆固定板与型芯固定板的孔内。如果推杆较长，需要修磨头部	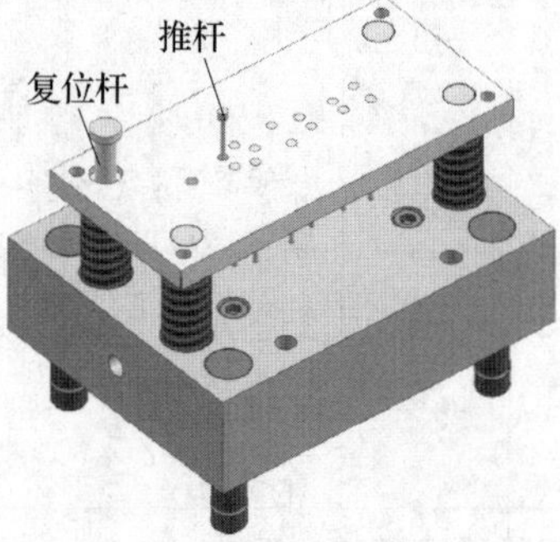
	装推杆垫板	安装前，将垫板的表面擦拭干净，以确保推杆的安装精度。将推杆垫板安放在推杆固定板上，用内六角扳手拧紧四枚螺钉	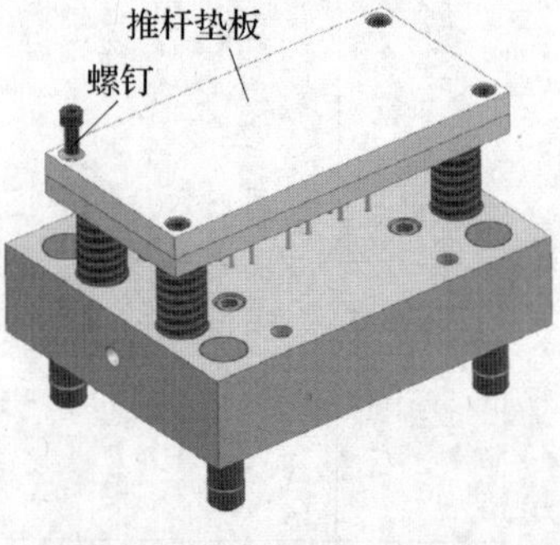
	装模脚	将两块模脚放在型芯固定板上	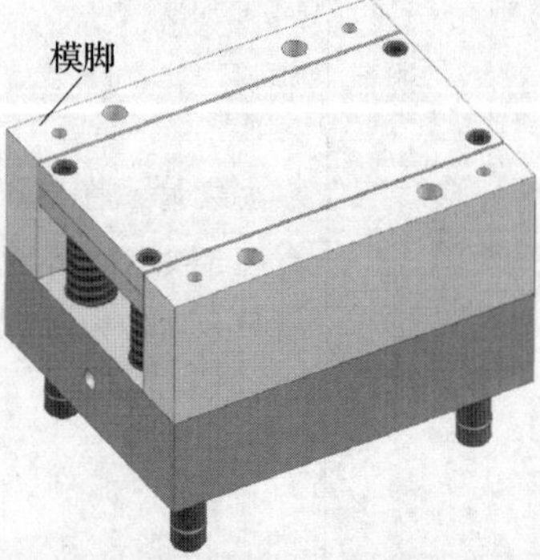

续表

工序	工步	具体操作	图示
装配动模	装动模座板	将动模座板放在推杆垫板上，用内六角扳手对角预拧紧长螺钉，使动模座板与模脚接触，然后将四枚短螺钉拧紧	
合模		搬起定模部分，按正确方向通过导套装入动模导柱，完成装配。如果模具较重，可以用起重设备通过模具上的吊耳进行吊装	

三、评价

单分型面蛋清分离器注塑模拆卸、装配操作评分标准见表2—1—5。

表2—1—5　　单分型面蛋清分离器注塑模拆卸、装配操作评分标准

考核项目	考核内容及要求	配分	评分标准	检测结果	得分
拆卸操作	动、定模分离：徒手或正确使用工具将动、定模完全分离	2	操作不规范，每次扣1分		
	拆卸定位圈：将定位圈与定模完全分离，并将零件放置在规定位置	2	操作不规范，每次扣1分		
	拆卸浇口套：将浇口套与模具完全分离，并将零件放置在规定位置	2	操作不规范，每次扣1分		

续表

考核项目	考核内容及要求	配分	评分标准	检测结果	得分
拆卸操作	拆卸定模座板：按正确顺序和动作拆卸定模座板，将各零件安放在规定位置，使用工具操作规范	12	拆除顺序不正确，不得分；操作不规范，每次扣3分		
	拆卸型腔镶件：按正确顺序和动作拆卸型腔镶件，使用工具操作规范	4	操作不规范，每次扣2分		
	拆卸动模座板与模脚：将动模座板、模脚与模具完全分离，并将相关零件放置在规定位置	2	操作不规范，每次扣1分		
	拆卸推出机构：按正确顺序和动作拆推杆垫板、复位杆与推杆固定板，并将相关零件放置在规定位置，使用工具操作规范	12	拆卸顺序不正确，不得分；操作不规范，每次扣2分		
	拆卸弹簧与导柱：将弹簧、导柱完全分离，并将相关零件放置在规定位置	8	操作不规范，每次扣2分		
	拆型芯镶件：按正确顺序和动作拆卸四枚螺钉与型芯镶件，使用工具操作规范	8	操作不规范，每次扣2分		
装配操作	装配型腔镶件：按正确顺序和动作装配型腔镶件、螺钉等零件；使用工具操作规范	8	操作不规范，每次扣2分		
	装配浇注系统零件：按正确顺序和动作安装浇口套、定位圈；使用工具操作规范	10	操作不规范，每次扣2分		

续表

考核项目	考核内容及要求	配分	评分标准	检测结果	得分
装配操作	装配型芯与导柱：按正确顺序和动作装配型芯与导柱；使用工具操作规范	4	装配顺序不正确，不得分；操作不规范，每次扣2分		
	装配复位及推出机构：按正确顺序和动作装配复位弹簧、推杆固定板、复位杆、推杆、推杆垫板等零件；使用工具操作规范	2	装配顺序不正确，不得分；操作不规范，每次扣1分		
	装配模脚与动模座板：按正确顺序和动作将模脚、动模座板装配在动模上；使用工具操作规范	2	操作不规范，每次扣1分		
	合模：按正确顺序和动作将动、定模合模	2	操作不规范，每次扣1分		
安全文明生产	正确执行安全操作规程	4	每违反一项规定，扣2分		
	正确穿戴劳保用品（如工作服、工作帽等）	6	穿戴不整齐，不得分		
工时定额	120 min	10	每超过10 min，扣5分；超过30 min，考核不及格		
总计		100			

课题二　双分型面注塑模的拆装

一、双分型面注塑模概况

双分型面注塑模有两个分型面，浇注系统凝料和塑料制件由不同的分型面取出，因此它又被称为三板式注塑模。与单分型面注塑模相比，双分型面注塑模增加了一个可移动的中间板，常用于点浇口进料的单型腔模具或多型腔模具。双分型面注塑模的结构如图 2—2—1 所示。

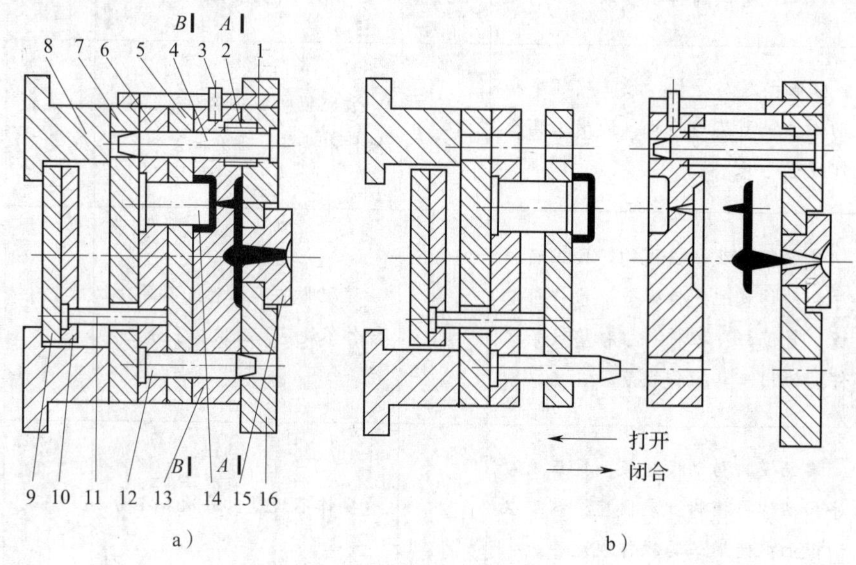

图 2—2—1 双分型面注塑模

a）合模状态 b）开模状态

1—定距拉板 2—压缩弹簧 3—限位钉 4、12—导柱 5、9—推板 6—型芯固定板 7—动模垫板 8—动模座板 10—推杆固定板 11—推杆 13—型腔板 14—型芯 15—浇口套 16—定模

开模时，注射机开合模系统带着动模部分移动，与定模分离。由于弹簧的作用，模具首先在 *A—A* 分型面分型，中间板随动模同向移开，主浇道凝料随之被拉出。当动模部分移动一定距离后，由于限位拉杆的定距作用，使中间板停止移动。动模继续打开，这时浇注系统凝料在浇口处被拉断，然后在 *A—A* 分型面自行脱落或人工取出。动模继续移动，当注射机的推杆接触推板时，推出机构开始工作，推杆固定板在推杆的推动下将塑件从型芯上推出，塑件在 *B—B* 分型面自行落下。

二、双分型面注塑模的拆装工艺

双分型面注塑模的拆装方法与单分型面注塑模的拆装方法类似，关键在于了解这类模具的结构及开模顺序。装配时，要熟知各个零件的功能和作用，掌握常用的模具装配工具，严格按照模具的拆装顺序进行操作。确保模具装配后，既能达到必要的装配精度，又能保证外观要求。

技能训练

图 2—2—2 所示为双分型面盖子注塑模装配图。该模具用于成型塑料盖。本训练要完成双分型面盖子注塑模的拆卸与装配。

技术要求

1. 保证冷却水路不漏水。
2. 分型面保证不溢料，无飞边。
3. 成型套与推杆配合H9/f9。

序号	名　称	数量	材　料	备注
34	密封圈	6		
33	定距块	2		
32	内六角圆柱头螺钉	2		GB/T 70.1—2000
31	内六角圆柱头螺钉	2		GB/T 70.1—2000
30	堵头	18		
29	内六角圆柱头螺钉	4		GB/T 70.1—2000
28	短螺钉	4		GB/T 70.1—2000
27	长螺钉	6		
26	推杆垫板	1	45	
25	推杆固定板	1	45	
24	复位杆	4		
23	弹簧	4		
22	推杆	4		
21	水嘴	6		
20	短导柱	4		
19	导套	4		
18	型腔固定板	1	45	
17	流道脱离板	2	45	
16	螺钉	2		GB/T 70.1—2000
15	浇口套	1		
14	定位圈	1	45	
13	沉头螺钉	4		
12	拉料杆	4		
11	小弹簧	4		
10	定模座板	1	45	
9	导套	4		
8	导套	4		
7	型腔镶件	1	Cr12	
6	成型套	4	Cr12	
5	成型套固定板	1	45	
4	垫板	1	45	
3	长导柱	4		
2	模脚	2	45	
1	动模座板	1	45	

标记	处数	更改文件名	签名	日期	图样标记	质量	比例	××模具制造厂
设计		标准化					1∶5	双分型面盖子注塑模
审核					共　张	第　张		GZ-000
工艺		批准						

图 2—2—2　双分型面盖子注塑模装配图

一、双分型面盖子注塑模的拆卸操作

拆卸前准备工具、设备及用品，参见模块一课题一。双分型面盖子注塑模的拆卸操作见表2—2—1。

表2—2—1　　双分型面盖子注塑模的拆卸操作

工序	工步	具体操作	图示
拆卸模具外围零件	拆定距块	用内六角扳手拆卸定距块的锁紧螺钉，移除定距块	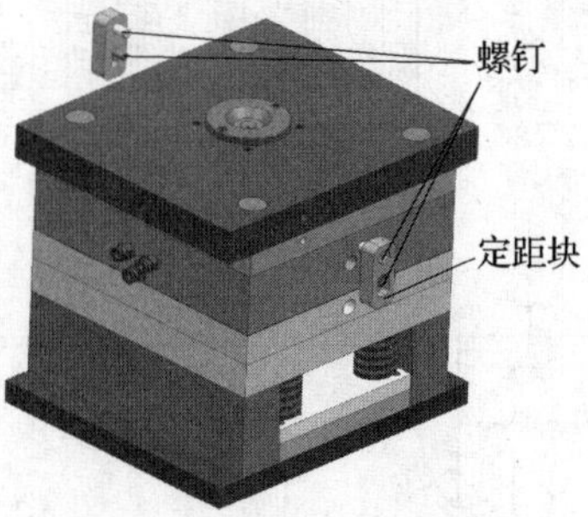 螺钉 定距块
	拆水嘴	用活扳手拆除型腔固定板上的水嘴	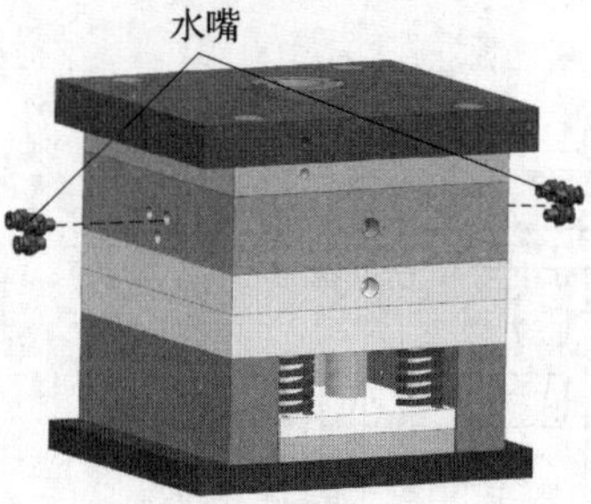 水嘴
	拆定位圈	用内六角扳手拆卸定位圈上的紧固螺钉，取下定位圈。用内六角扳手拆除拉料杆头部的沉头螺钉	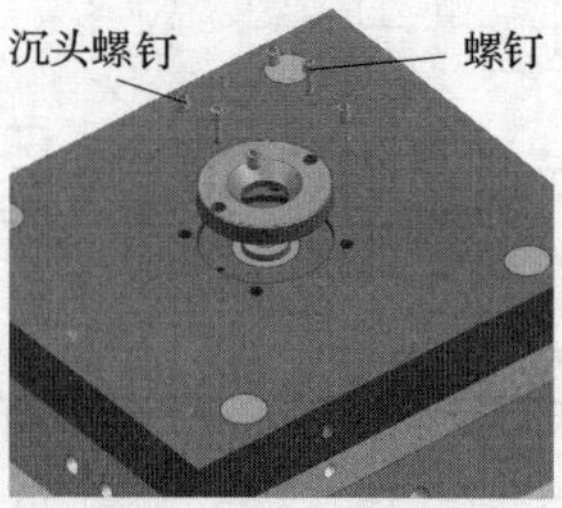 沉头螺钉 螺钉
	拆定模座板	徒手将定模座板及其附带的浇口套、拉料杆（四根）、长导柱（四根）等零件一起拆除，然后用铜棒单独敲击各个零件，完成拆卸	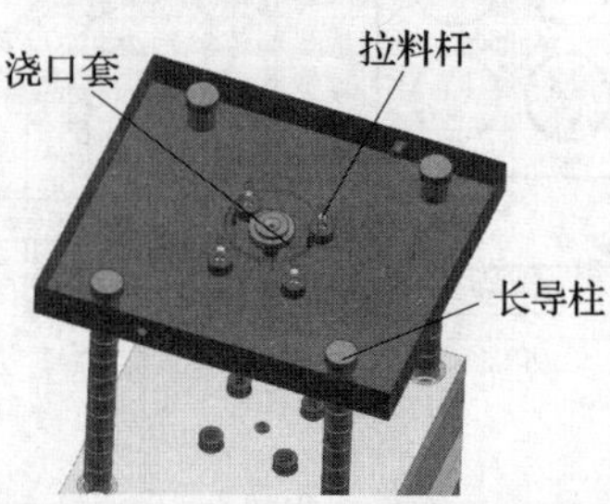 浇口套 拉料杆 长导柱

续表

工序	工步	具体操作	图示
拆卸定模	拆流道脱离板	将流道脱离板内的四根弹簧拿出，徒手搬离流道脱离板	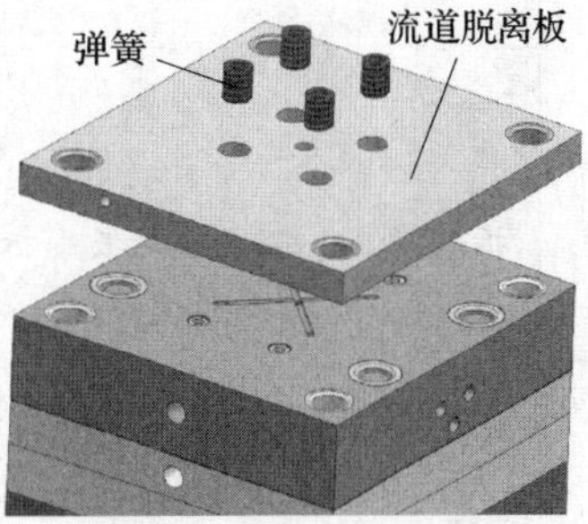 弹簧 流道脱离板
	拆型腔固定板	从动模的四个导柱上取下型腔固定板。如果模板较大，可以考虑将吊耳安装在模板的吊耳孔内，用起重设备吊装	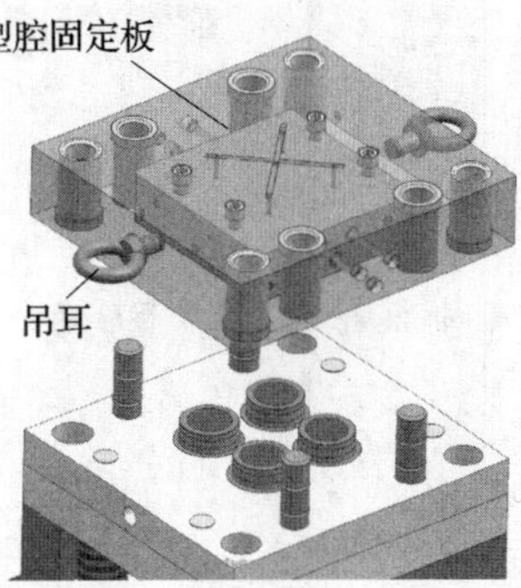 型腔固定板 吊耳
	拆型腔镶件	用内六角扳手拆卸连接型腔固定板与型腔镶件的四枚螺钉。如果镶件与固定板为过盈配合，需要用小铜棒伸入螺钉孔内，再用大铜棒敲击小铜棒，使镶件脱离固定板	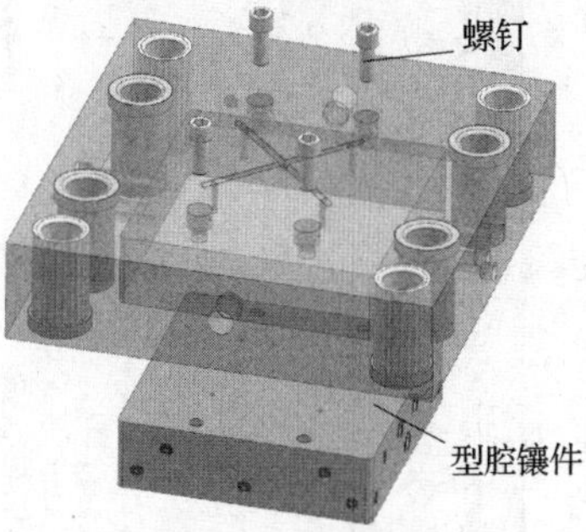 螺钉 型腔镶件
	拆水路标准件	用内六角扳手拆卸型腔镶件四周水道的堵头，并拆除水道密封圈	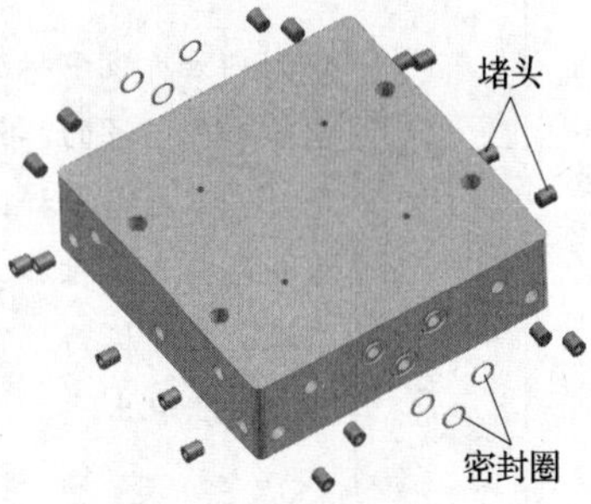 堵头 密封圈

续表

<table>
<tr><th>工序</th><th>工步</th><th>具体操作</th><th>图示</th></tr>
<tr><td rowspan="4">拆卸动模</td><td>拆动模座板</td><td>用内六角扳手拆卸六枚长螺钉与四枚短螺钉，移除动模座板</td><td>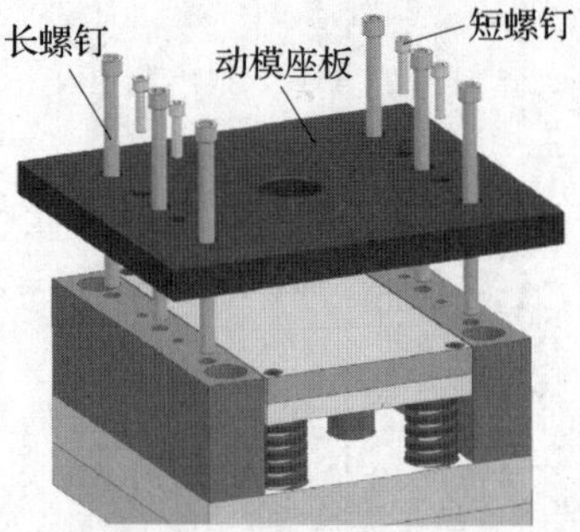
</td></tr>
<tr><td>拆模脚</td><td>徒手移除两个模脚</td><td>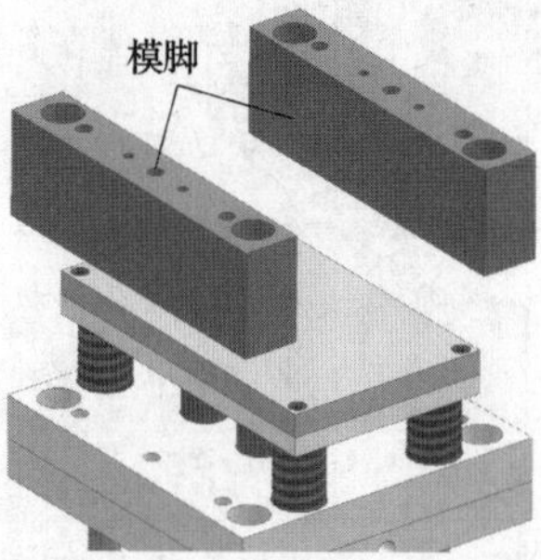
</td></tr>
<tr><td rowspan="2">拆推出机构</td><td>徒手移除推出机构。如果推出机构较重，可以用相应的磁性吸盘吊装</td><td>
</td></tr>
<tr><td>用内六角扳手拆除连接推杆垫板与推杆固定板的螺钉，将推杆垫板移除；然后将推杆固定板内的四根复位杆与四根推杆拿出。如果推杆与推杆固定板为过盈配合，需要用铜棒敲击取出</td><td>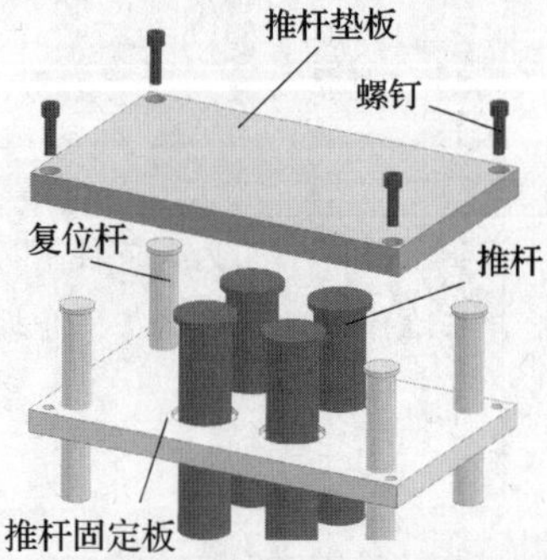
</td></tr>
</table>

续表

工序	工步	具体操作	图示
拆卸动模	拆垫板	徒手从垫板孔内拿出四根弹簧，并移除垫板	垫板 弹簧
	拆成型套固定板	用铜棒分别敲击成型套和短导柱，完成拆除。注意控制敲击力度，避免破坏成型套的成型面	成型套固定板 短导柱 成型套

二、双分型面盖子注塑模的装配操作

1. 工作准备

（1）确定装配顺序：动、定模分别组装，最后合模总装配。

（2）准备装配工具、设备及用具，参见模块一课题一。

2. 装配操作

双分型面盖子注塑模的装配操作见表 2—2—2。

表 2—2—2　　双分型面盖子注塑模装配操作

总装配工序	组件装配工序	具体操作	图示
装配动模	确定基准件	选择成型套固定板作为装配基准件	

续表

总装配工序	组件装配工序	具体操作	图示
装配动模	装成型套与短导柱	用铜棒将四个成型套敲入固定板内。如果成型套的端面比固定板的端面高，需要将四个成型套端面一起磨平。另外，要检查成型套与固定板之间的间隙是否满足P7/h6装配要求 然后，将四根短导柱敲入固定板内	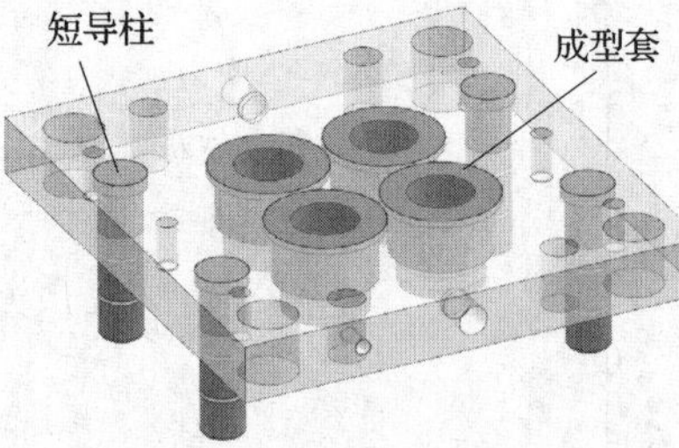 短导柱 成型套
	装垫板	首先，要将垫板与成型套固定板的接触面擦拭干净，然后将垫板放在成型套固定板上表面	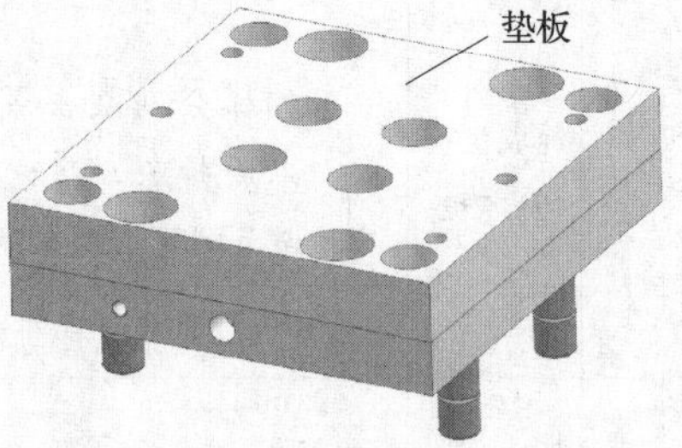 垫板
	安装弹簧	把四根弹簧放置在垫板的弹簧孔内	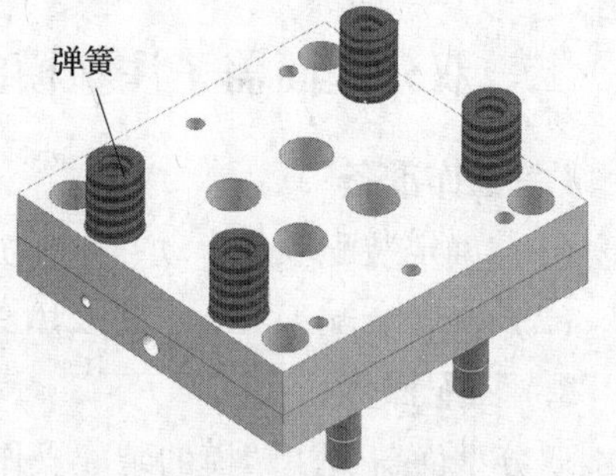 弹簧
	装推杆固定板	将推杆固定板放置在弹簧上面，保证固定板水平。如果倾斜幅度较大，要对较高的弹簧进行修剪	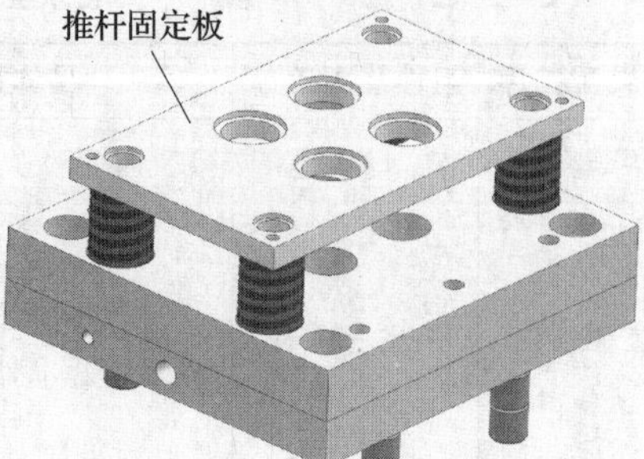 推杆固定板

续表

总装配工序	组件装配工序	具体操作	图示
装配动模	装推杆和复位杆	将四根复位杆插入各个板内的孔中，然后将四根推杆依次放入。如果推杆与成型套之间卡死，不能用铜棒用力敲击，要查找原因（如配合面的间隙过紧，是否存在毛刺，模板是否发生倾斜等），并予以排除	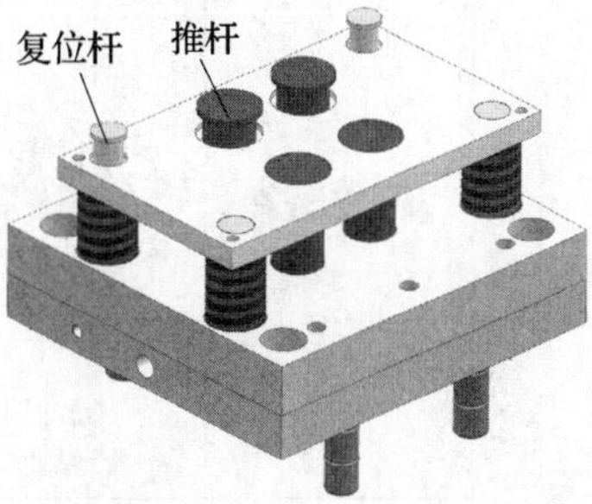 复位杆 推杆
	装推杆垫板	将推杆垫板放置在推杆固定板上，然后用内六角扳手对角拧紧四枚螺钉	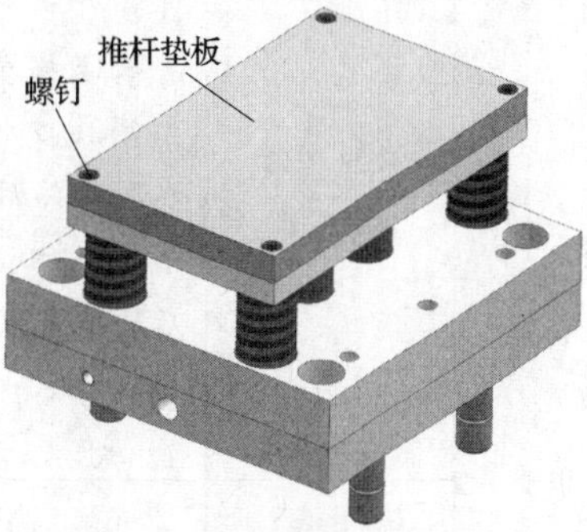 推杆垫板 螺钉
	装模脚	将两个模脚放置在垫板上	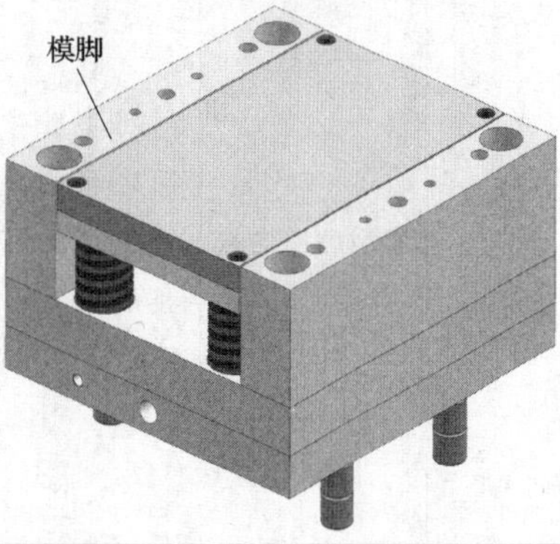 模脚
	装动模座板	将动模座板放在推杆垫板上。用内六角扳手对角预拧紧长螺钉，将弹簧预压，直至动模座板接触模脚，然后对角拧紧长螺钉，最后再对角拧紧短螺钉	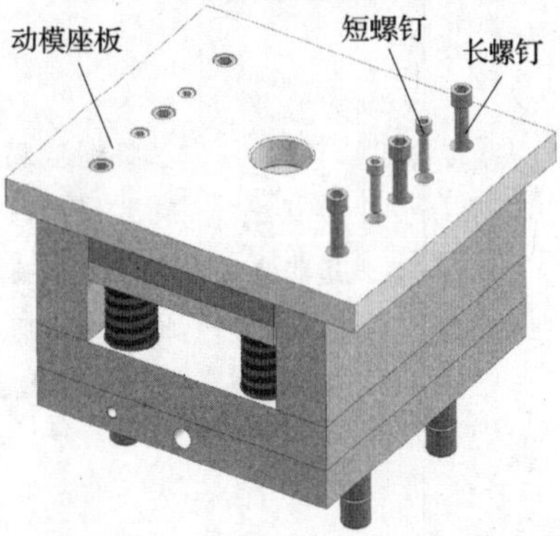 动模座板 短螺钉 长螺钉

续表

总装配工序	组件装配工序	具体操作	图示
装配定模	确定基准件	以型腔镶件为装配基准件	
	装堵头与防水圈	安装堵头前，在堵头上缠裹防水胶带或涂防水胶，然后用内六角扳手安装水道的堵头，最后徒手装防水垫圈	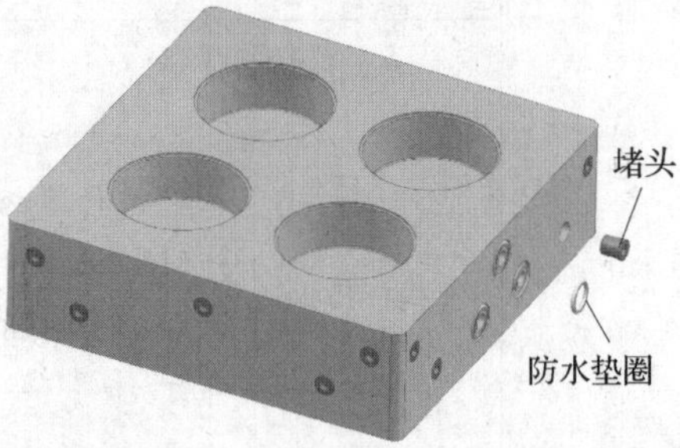 堵头 防水垫圈
	装型腔固定板	将型腔镶件放入型腔固定板内，用铜棒适当敲击，使镶件与固定板接触，然后用内六角扳手对角拧紧四枚螺钉	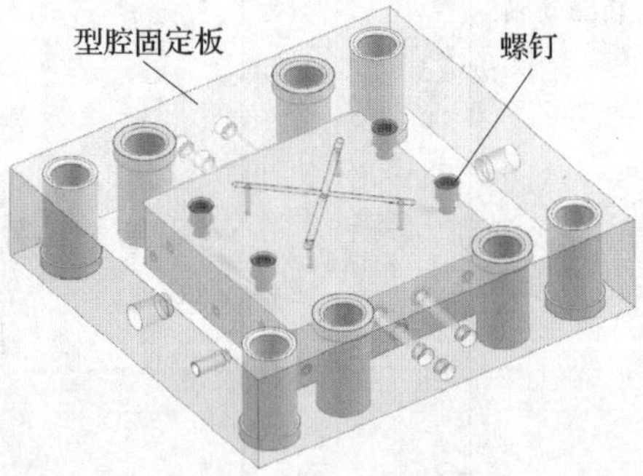 型腔固定板 螺钉
	装流道脱离板	将型腔固定板与流道脱离板的接触面擦拭干净，防止安装表面有杂物，然后将流道脱离板放置在型腔固定板上	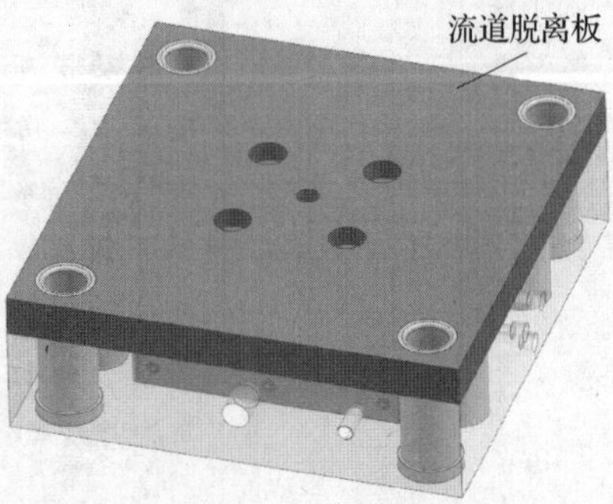 流道脱离板

续表

总装配工序	组件装配工序	具体操作	图示
装配定模	装弹簧	将四根小弹簧装入流道脱离板上的弹簧安装孔内，避免弹簧高度过高，从而影响后续的装配（必要时修剪弹簧长度）	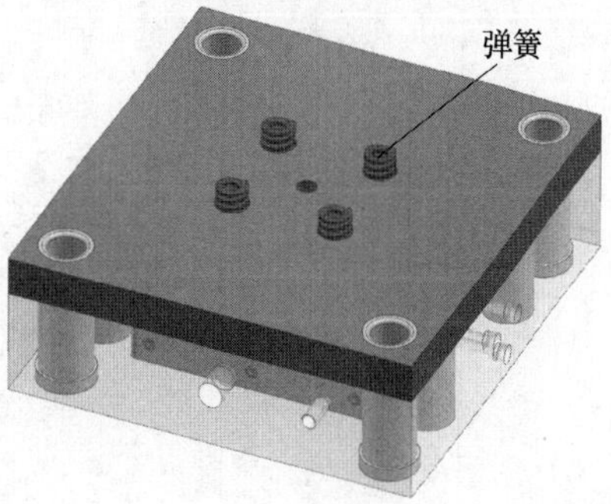 弹簧
	确定基准件	选择定模座板作为装配基准件	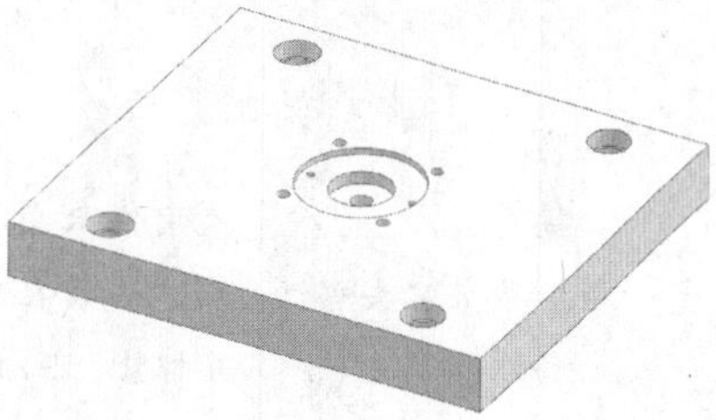
	装长导柱	装配前，应把导柱孔壁擦拭干净，并涂机油，便于装配。用铜棒将四个长导柱敲入定模座板导柱固定孔内	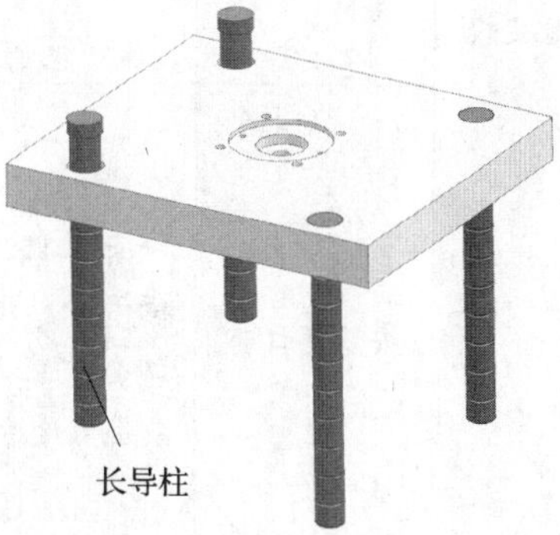 长导柱
	装定模座板	装配前，将导套的孔壁擦拭干净并涂机油。将定模座板通过长导柱安装在流道脱离板上面	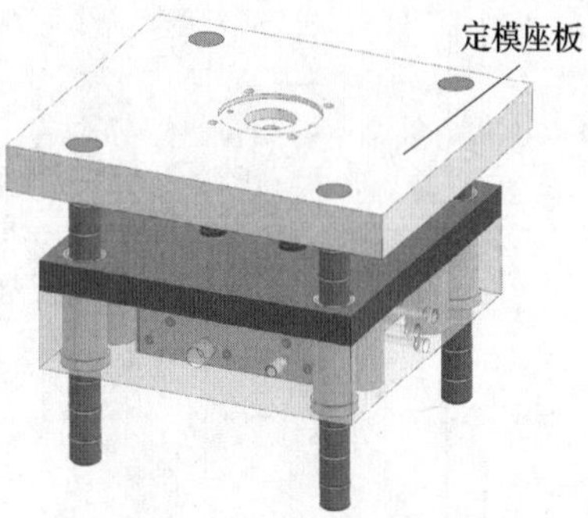 定模座板

续表

总装配工序	组件装配工序	具体操作	图示
装配定模	装拉料杆	将四根拉料杆分别装入安装孔内	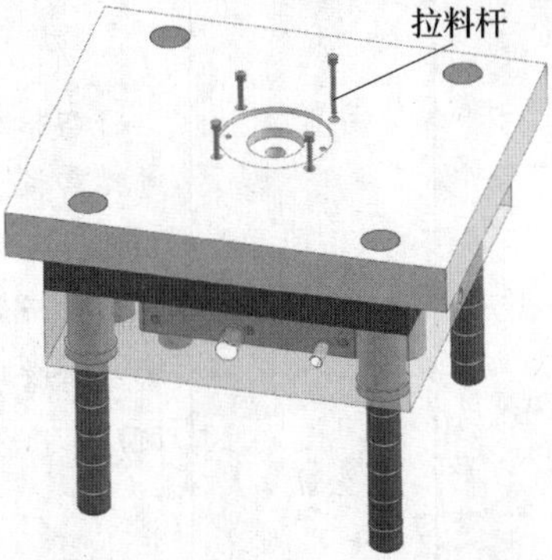 拉料杆
	安装沉头螺钉	用内六角扳手将沉头螺钉安装在定模座板内并拧紧，压住拉料杆	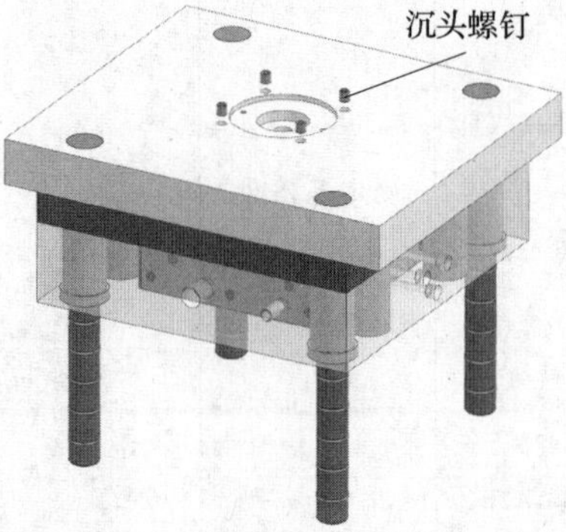 沉头螺钉
	安装浇口套	安装前，将浇口套擦拭干净。用铜棒敲击浇口套，装入固定孔内，敲击力度适当	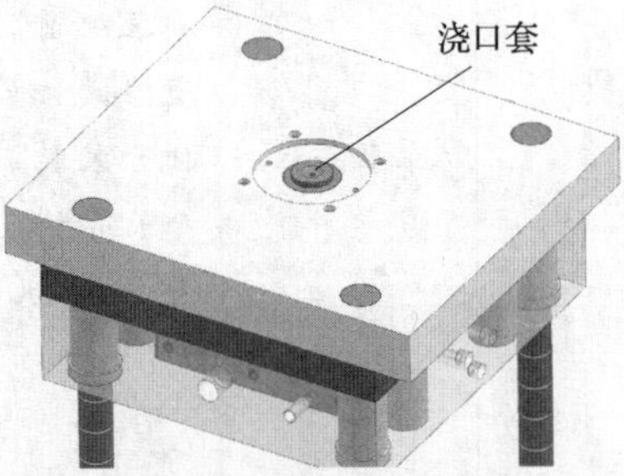 浇口套
	安装定位圈	把定位圈安装在定模座板上，用内六角扳手拧紧两枚螺钉，压住浇口套	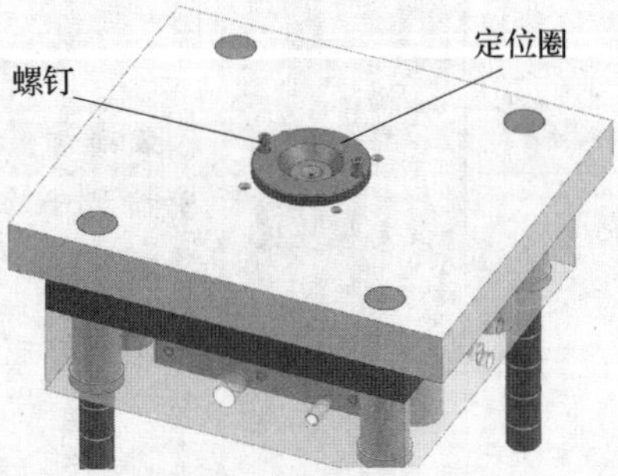 螺钉 定位圈

续表

总装配工序	组件装配工序	具体操作	图示
模具总装	动、定模装配	利用定模的四根长导柱装入动模，使动、定模合模。如果定模座较重，可用起重设备通过模具上的吊耳进行吊装	吊耳
装配外围零件	安装水嘴、定距块	安装水嘴前，水嘴的安装部分要缠裹防水胶带。用活扳手将水道的水嘴安装在型腔固定板上，用内六角扳手拧紧螺钉，固定定距块	定距块 水嘴 螺钉

三、评价

双分型面盖子注塑模拆卸、装配操作评分标准见表 2—2—3。

表 2—2—3　　双分型面盖子注塑模拆卸、装配操作评分标准

考核项目	考核内容及要求	配分	评分标准	检测结果	得分
拆卸操作	拆定距块：将定距块与模具完全分离，并将零件放置在规定位置	2	操作不规范，每次扣 1 分		
	拆水嘴：将水嘴与模具完全分离，并将零件放置在规定位置	2	操作不规范，每次扣 1 分		
	拆定位圈：将定位圈与定模完全分离，并将零件放置在规定位置	2	操作不规范，每次扣 2 分		

续表

考核项目	考核内容及要求	配分	评分标准	检测结果	得分
拆卸操作	拆定模座板及附带件：按正确顺序及动作拆卸定模座板、浇口套、拉料杆（四根）、长导柱（四根）等零件，并将各零件安放在规定位置	5	拆卸顺序不正确，不得分；使用工具操作不规范，每次扣1分		
	拆流道脱离板：将流道脱离板、小弹簧（四根）等零件分离，并将各零件安放在规定位置	2	操作不规范，每次扣1分		
	拆型腔固定板与型腔镶件：用起重设备吊离型腔固定板，拆除型腔镶件	2	拆卸顺序不正确，不得分；使用工具操作不规范，每次扣1分		
	拆水路标准件：按正确顺序及动作拆除水道堵头与密封圈等零件，并将零件放置在规定位置	3	拆卸顺序不正确，不得分；操作不规范，每次扣1分		
	拆动模座板与模脚：拆卸动模座板、模脚，并将相关零件放置在规定位置	2	操作不规范，每次扣1分		
	拆推出机构：按正确顺序及动作拆推杆垫板、推杆（四根）、复位杆（四根）与推杆固定板；使用工具操作规范	4	拆卸顺序不正确，不得分；操作不规范，每次扣1分		
	拆垫板：将垫板、弹簧与模具完全分离，并将零件放置在规定位置	2	操作不规范，每次扣1分		
	拆成型套固定板组件：按正确顺序及动作拆卸成型套（四个）、导柱（四根）；使用工具操作规范	5	拆卸顺序不正确，不得分；操作不规范，每次扣2分		
装配操作	装成型套与短导柱：按正确顺序及动作装配成型套固定板、成型套、短导柱等零件；使用工具操作规范	5	装配顺序不正确，不得分；操作不规范，每次扣2分		

续表

考核项目	考核内容及要求	配分	评分标准	检测结果	得分
装配操作	装垫板及弹簧：将垫板、复位弹簧与装好的模板叠加放置	2	操作不规范，每次扣1分		
	装推杆固定板：保证固定板水平，必要时对弹簧进行修剪；使用工具操作规范	4	装配顺序不正确，不得分；操作不规范，每次扣2分		
	装推杆和复位杆：按正确顺序及动作装配推杆和复位杆；使用工具操作规范	4	装配顺序不正确，不得分；操作不规范，每次扣2分		
	装推杆垫板与模脚：按正确顺序及动作装配推杆垫板与模脚；使用工具操作规范	2	装配顺序不正确，不得分；操作不规范，每次扣1分		
	装动模座板：按正确顺序及动作装配动模座板；使用工具操作规范	2	操作不规范，每次扣1分		
	装水道标准件：按正确顺序及动作装配堵头与防水垫圈；使用工具操作规范	5	装配顺序不正确，不得分；操作不规范，每次扣2分		
	装型腔固定板：按正确顺序及动作装型腔固定板；使用工具操作规范	4	装配顺序不正确，不得分；操作不规范，每次扣2分		
	装流道脱离板及弹簧：将流道脱离板放置于型腔固定板上，并安装弹簧	2	操作不规范，每次扣1分		
	装长导柱：按正确顺序及动作安装长导柱；使用工具操作规范	4	操作不规范，每次扣2分		
	装定模座板：将定模座板安装在流道脱离板上	1	操作不规范，每次扣1分		
	装拉料杆：将拉料杆安装于拉料杆孔内，并用螺钉锁紧	2	操作不规范，每次扣1分		
	装浇口套组件：按正确顺序及动作安装浇口套、定位圈等零件；使用工具操作规范	4	装配顺序不正确，不得分；操作不规范，每次扣2分		

续表

考核项目	考核内容及要求	配分	评分标准	检测结果	得分
装配操作	合模：按正确顺序及动作将动、定模进行合模	2	操作不规范，每次扣 2 分		
	装水嘴与定距块：按正确顺序及动作装配水嘴、定距块；使用工具操作规范	6	装配顺序不正确，不得分；操作不规范，每次扣 2 分		
安全文明生产	正确执行安全操作规程	4	每违反一项规定，扣 2 分		
	正确穿戴劳保用品（如工作服、工作帽等）	6	穿戴不整齐，不得分		
工时定额	120 min	10	每超过 10 min，扣 5 分；超过 30 min，考核不及格		
总计		100			

课题三　侧抽芯盒子注塑模的拆装

一、侧抽芯注塑模概况

当在注射成型的塑件上与开、合模方向不同的内侧或外侧有孔、凹穴或凸台时，塑件就不能直接由推杆等推出机构推出（脱模）。此时，模具上成型该处的零件必须制成可侧向移动的活动型芯，以便在塑件脱模推出之前先将侧向成型零件抽出，然后再把塑件从模内推出；否则，就无法脱模。

在所有的侧抽芯机构中，斜导柱侧抽芯机构应用最为广泛，其基本结构组成如图 2—3—1 所示。它是由下列几类零件组成：成型零件，侧型芯 8 和侧向成型块 12；运动零件，在推件板 1 上的导滑槽内做侧向分型与抽芯运动和复位运动的侧滑块 5、侧向成型块 12；传动零件，固定在定模板 10 内与合模方向成一定角度的斜导柱 7、11；锁紧零件，注射时防止侧型芯和侧滑块产生位移的楔紧块 6、13；限位零件，使侧滑块在抽芯结束后准确定位的限位挡块 2、14，拉杆 4，弹簧 3 及垫圈、螺母等零件组成的限位机构。

图 2—3—1a 为注塑结束的合模状态，侧滑块 5、侧向成型块 12 分别由楔紧块 6、13 锁紧。开模时，动模部分向远离定模的方向移动，塑件包在型芯 9 上随着动模移动，

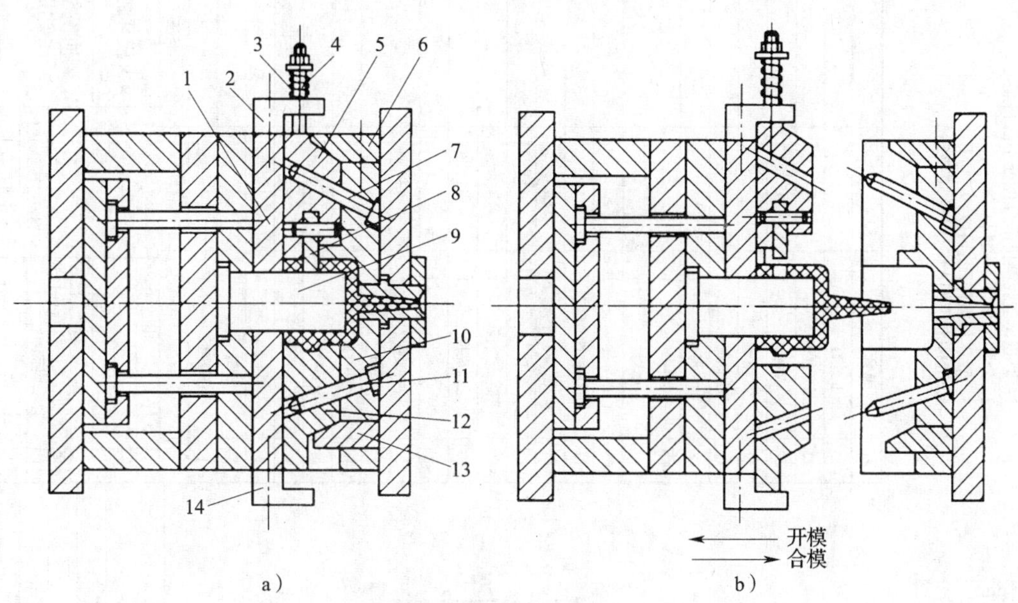

图 2—3—1 侧向分型注塑模

a）合模状态 b）开模状态

1—推件板 2、14—限位挡块 3—弹簧 4—拉杆 5—侧滑块 6、13—楔紧块 7、11—斜导柱 8—侧型芯 9—型芯 10—定模板 12—侧向成型块

在斜导柱 7 的作用下，侧滑块 5 带动侧型芯 8 在推件板 1 上的导滑槽内向上侧进行侧向抽芯。在斜导柱 11 的作用下，侧向成型块 12 在推件板 1 上的导滑槽内向下侧进行侧向分型。侧向分型与抽芯结束，斜导柱脱离侧滑块，侧滑块 5 被弹簧 3 拉紧在限位挡块 2 上，侧向成型块 12 在自身重力的作用下紧靠在挡块 14 上，以便再次合模时斜导柱能准确地插入侧滑块的斜导孔中，迫使其复位，如图 2—3—1b 所示。

二、侧抽芯注塑模的拆装主要流程

1. 拆卸的主要流程

动模部分拆卸顺序：动模座板→推出机构→型芯镶件→限位机构→抽芯滑块→导柱。

定模部分拆卸顺序：浇注系统→斜楔和斜导柱。

2. 装配的主要流程

动模部分装配顺序：导柱→型芯镶件→抽芯滑块机构→推出机构→模脚→动模座板。

定模部分装配顺序：斜导柱→斜楔→浇注系统。

技能训练

图 2—3—2 所示为侧抽芯盒子注塑模装配图。该注塑模用于成型塑料盒。本训练要完成该注塑模的拆卸与装配。

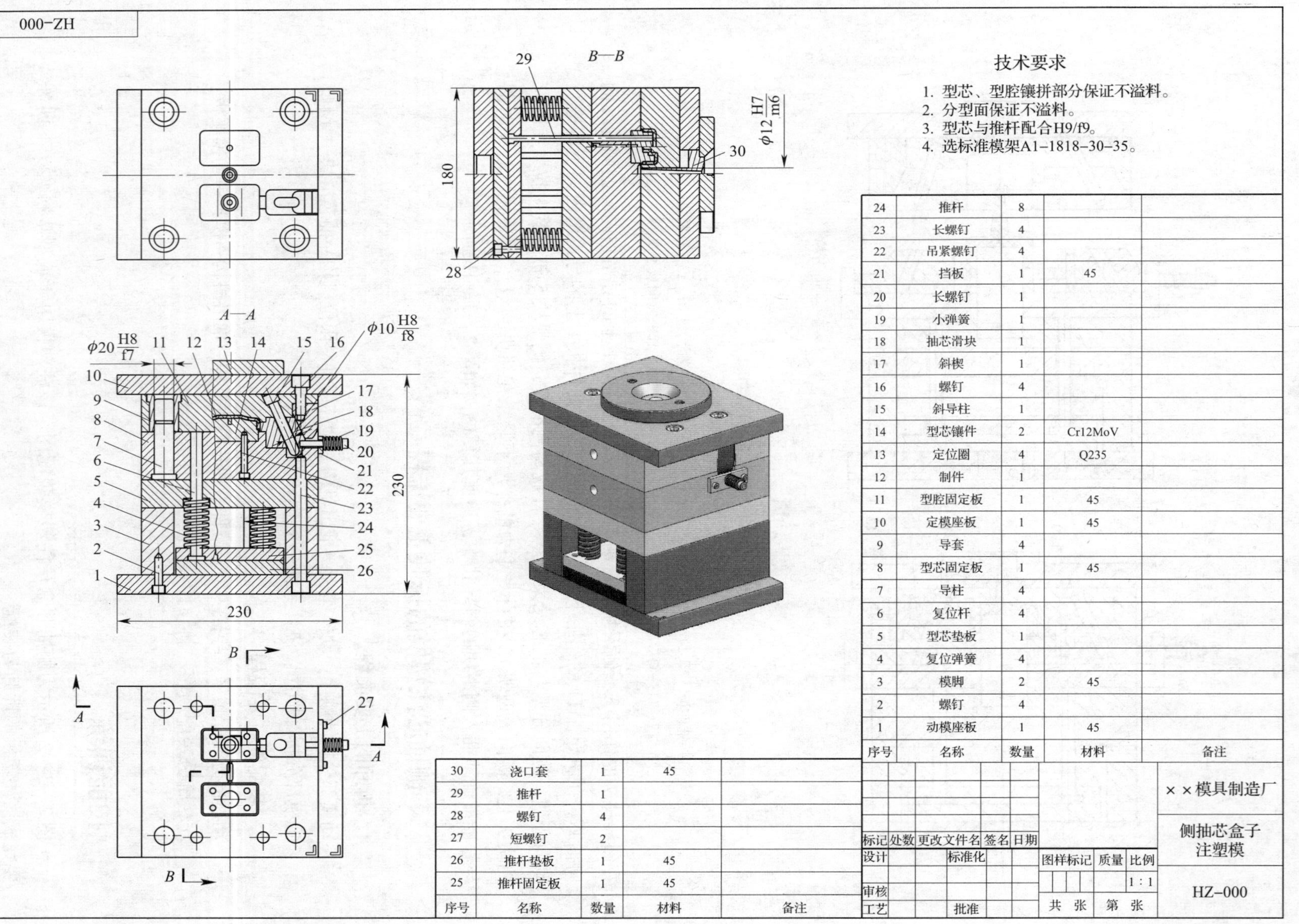

技术要求

1. 型芯、型腔镶拼部分保证不溢料。
2. 分型面保证不溢料。
3. 型芯与推杆配合H9/f9。
4. 选标准模架A1-1818-30-35。

序号	名称	数量	材料	备注
24	推杆	8		
23	长螺钉	4		
22	吊紧螺钉	4		
21	挡板	1	45	
20	长螺钉	1		
19	小弹簧	1		
18	抽芯滑块	1		
17	斜楔	1		
16	螺钉	4		
15	斜导柱	1		
14	型芯镶件	2	Cr12MoV	
13	定位圈	4	Q235	
12	制件	1		
11	型腔固定板	1	45	
10	定模座板	1	45	
9	导套	4		
8	型芯固定板	1	45	
7	导柱	4		
6	复位杆	4		
5	型芯垫板	1		
4	复位弹簧	4		
3	模脚	2	45	
2	螺钉	4		
1	动模座板	1	45	

序号	名称	数量	材料	备注
30	浇口套	1	45	
29	推杆	1		
28	螺钉	4		
27	短螺钉	2		
26	推杆垫板	1	45	
25	推杆固定板	1	45	

标记	处数	更改文件名	签名	日期				××模具制造厂
设计		标准化			图样标记	质量	比例	侧抽芯盒子注塑模
							1∶1	
审核								HZ-000
工艺		批准			共 张	第 张		

图2—3—2　侧抽芯盒子注塑模装配图

一、侧抽芯盒子注塑模的拆卸

侧抽芯盒子注塑模的拆卸操作见表 2—3—1。

表 2—3—1 侧抽芯盒子注塑模的拆卸操作

工序	工步	拆卸操作	图示
分离动、定模	—	将定模搬开，与动模分离。如果遇到大型模具，可以使用龙门架，利用模具上的吊耳实现动、定模分离	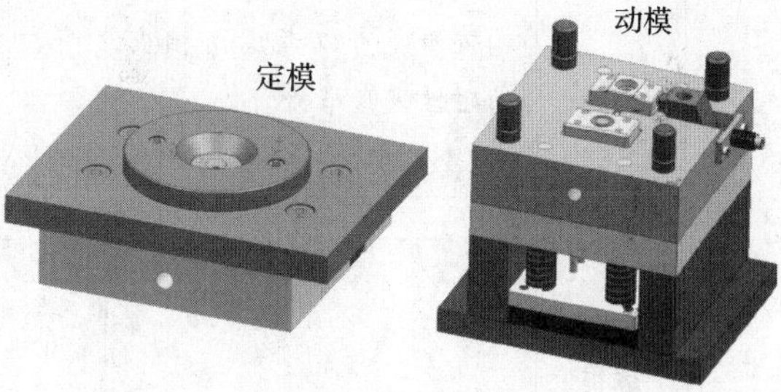
拆卸动模	拆动模座板	用内六角扳手拆卸六枚长螺钉与四枚短螺钉，移除动模座板	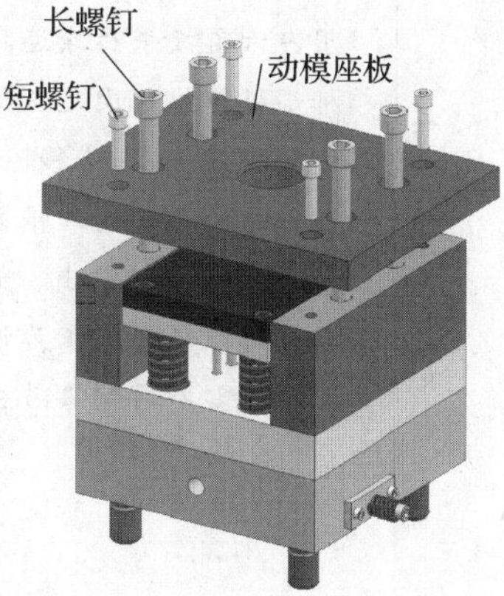
	拆模脚	将两个模脚移除	

续表

工序	工步	拆卸操作	图示
拆卸动模	拆推出机构	拉出推出机构。如果机构较重，可以考虑用相应的磁性吸盘吊离	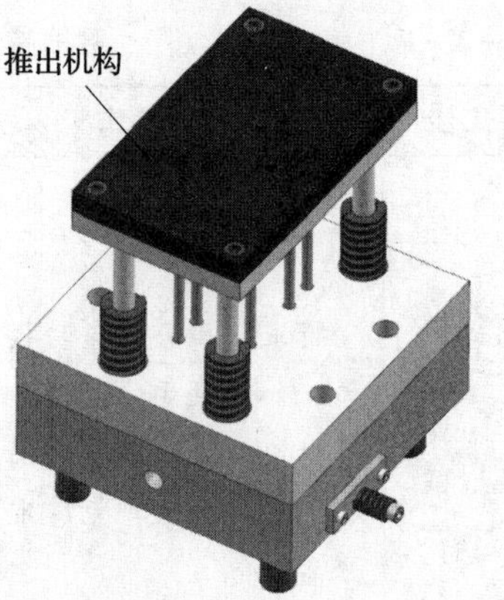
		用内六角扳手拆除连接推杆垫板与推杆固定板的螺钉，将推杆垫板移除，然后将固定板内的四根复位杆与八根推杆拿出。如果推杆与推杆固定板为过盈配合，需要用铜棒敲击取出	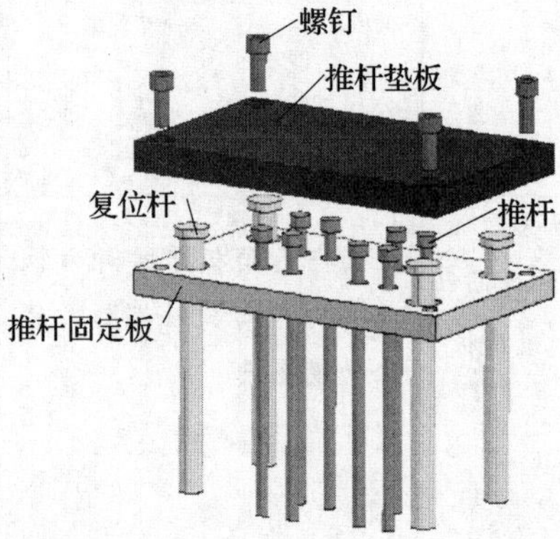
	拆弹簧与垫板	将四根弹簧从垫板孔内拿出，并移除垫板	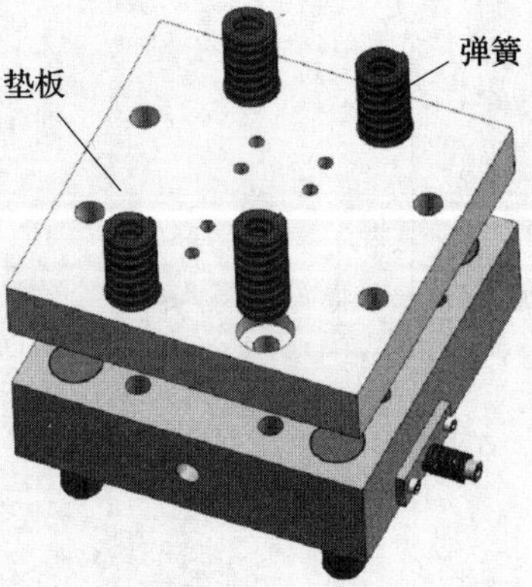

续表

工序	工步	拆卸操作	图示
拆卸动模	拆型芯镶件	用内六角扳手将固定型芯镶件的四枚螺钉卸下，并用铜棒轻轻敲击取下型芯镶件	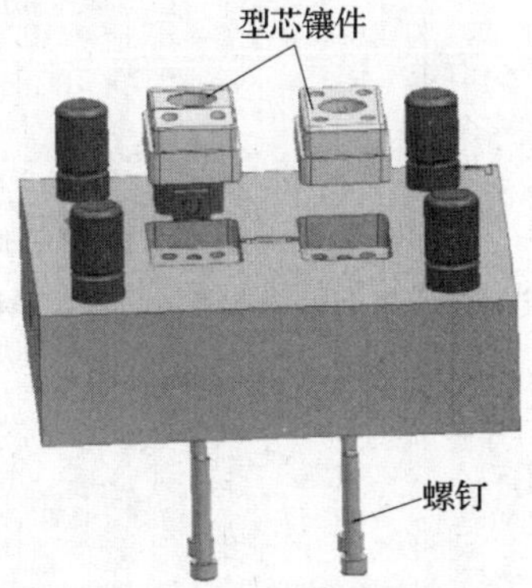
	拆限位组件	用内六角扳手将长螺钉卸下，取下弹簧和长螺钉，再卸下两枚短螺钉，取下挡板	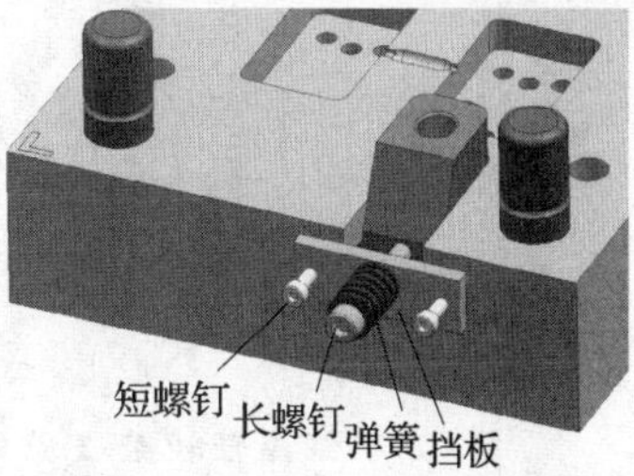
	拆抽芯滑块	沿着T形槽将抽芯滑块取出	
	拆导柱	用铜棒轻轻将四根导柱敲下	

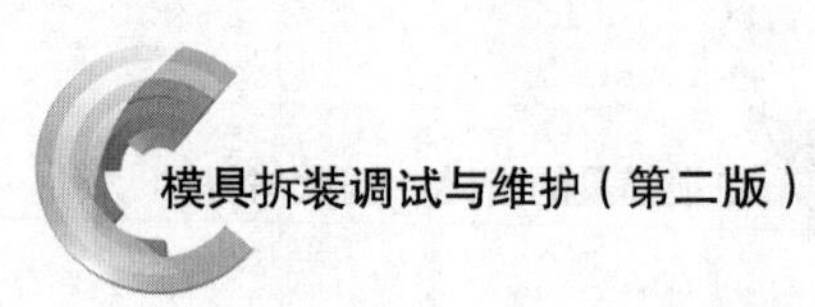

续表

工序	工步	拆卸操作	图示
拆卸定模	拆定位圈	用内六角扳手拆卸定位圈上的紧固螺钉，取下定位圈	
	拆浇口套	用小铜棒轻轻敲击浇口套的尾端，取出浇口套	
	拆定模座板	用内六角扳手卸下四枚紧固螺钉，取下定模座板	

续表

工序	工步	拆卸操作	图示
拆卸定模	拆斜楔和斜导柱	取下斜楔；用小铜棒轻敲下斜导柱	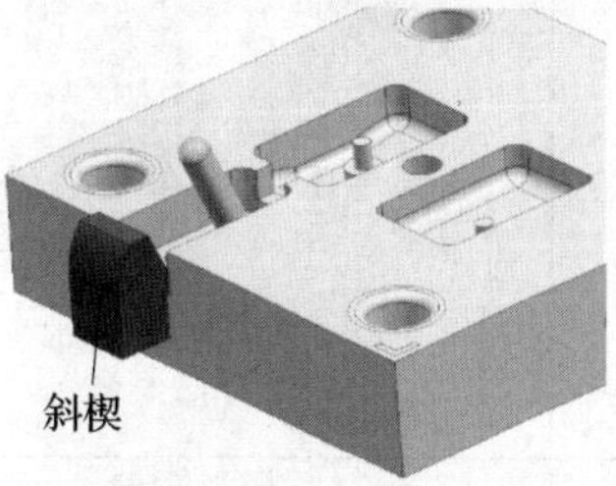 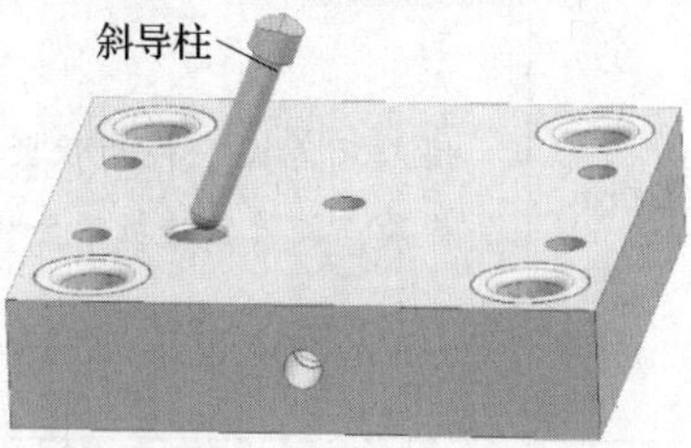 斜楔 斜导柱

二、侧抽芯盒子注塑模的装配

侧抽芯盒子注塑模的装配操作见表 2—3—2。

表 2—3—2 侧抽芯盒子注塑模的装配操作

工序	工步	装配操作	图示
装配动模	装导柱	以型芯固定板为基准件，徒手将导柱插入相应孔内，并用铜棒敲紧	 导柱
	装型芯镶件	将型芯镶件放在型芯固定板的槽内，并用小铜棒轻轻敲击型芯表面，使其到位。并用内六角扳手旋紧四枚吊紧螺钉	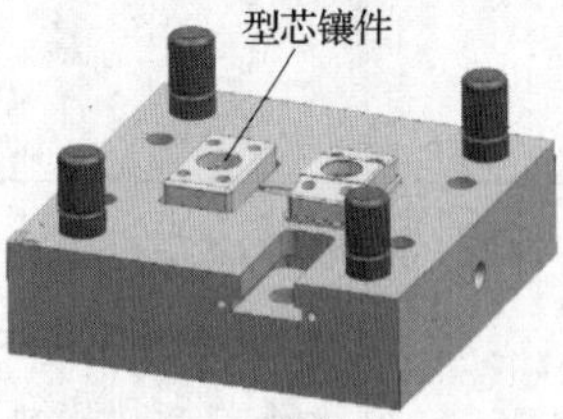 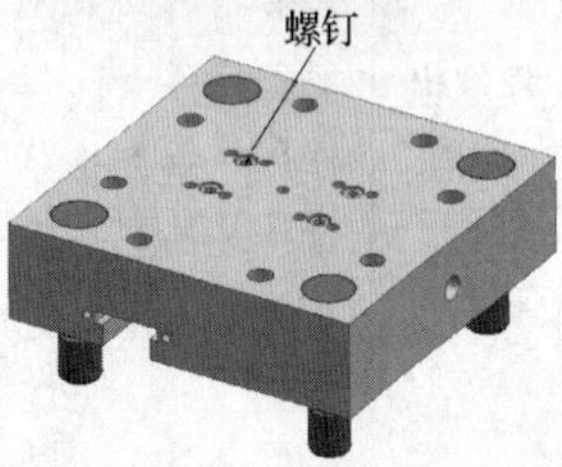 型芯镶件 螺钉

续表

工序	工步	装配操作	图示
装配动模	装抽芯滑块	将抽芯滑块放在型芯固定板的槽内	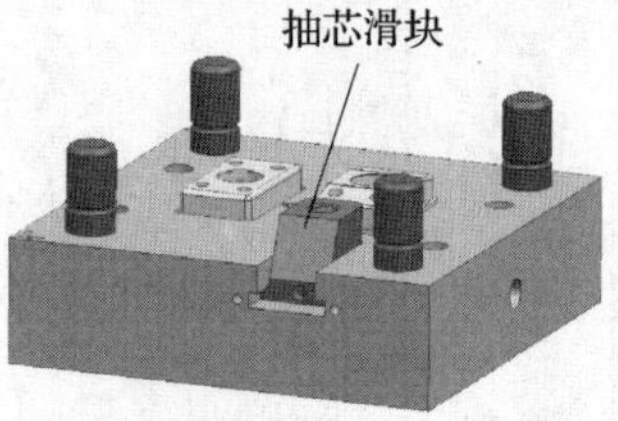 抽芯滑块
	装挡板	用内六角扳手将两枚紧固的短螺钉旋紧，旋紧至挡板不会松动	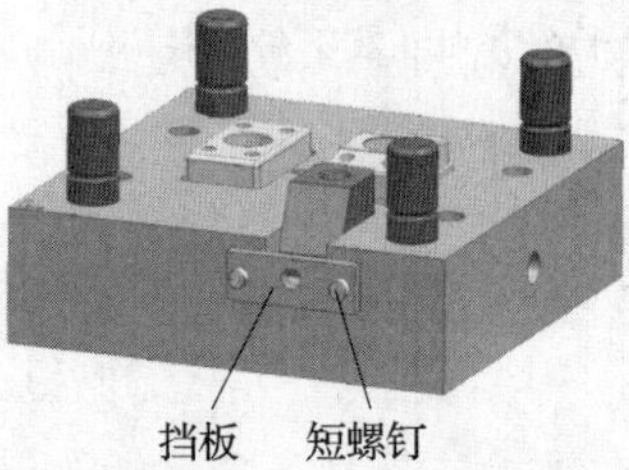 挡板 短螺钉
	装限位弹簧	将长螺钉穿过弹簧和挡板，旋入抽芯滑块内，并调节弹簧预紧力，使抽芯滑块获得合适的移动距离	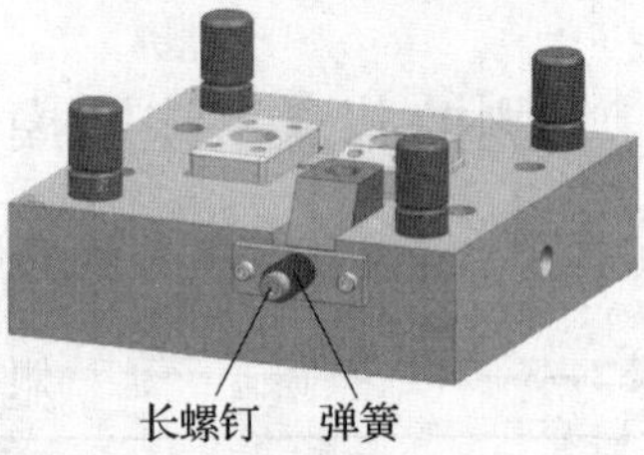 长螺钉 弹簧
	装垫板与弹簧	将垫板放置在型芯固定板底面，再把复位弹簧放在弹簧孔内，确保弹簧高度一致	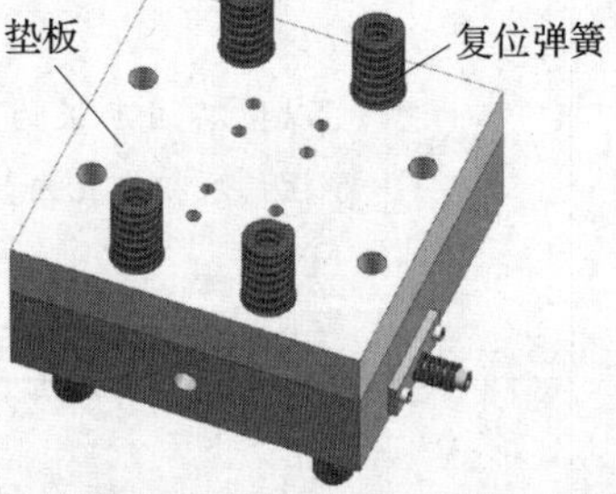 垫板 复位弹簧
	装推出机构	将推杆固定板放在复位弹簧上。如果推杆固定板有较大倾斜，要修磨复位弹簧。然后，装入复位杆和推杆。检查推杆长度是否超过成型零件表面。如果超出，则要用电磨头修磨推杆，使其长度合适	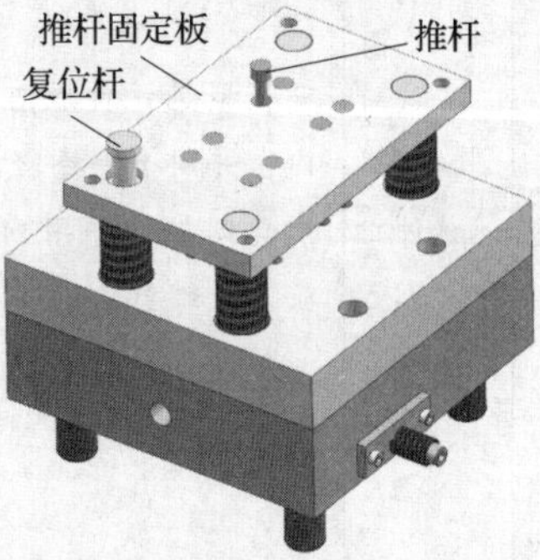 推杆固定板 推杆 复位杆

续表

工序	工步	装配操作	图示
装配动模	装推出机构	将推杆垫板放在推杆固定板上，并用内六角扳手将四枚紧固螺钉旋紧	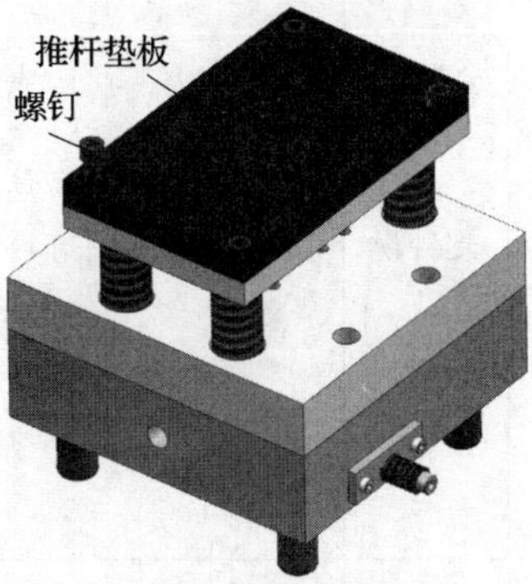 推杆垫板 螺钉
	装模脚	将模脚放在垫板上	 模脚
	装动模座板	将动模座板放在两个模脚上，先用四枚短螺钉对角固定模脚和动模座板，然后用四枚长螺钉固定型芯固定板和动模座板	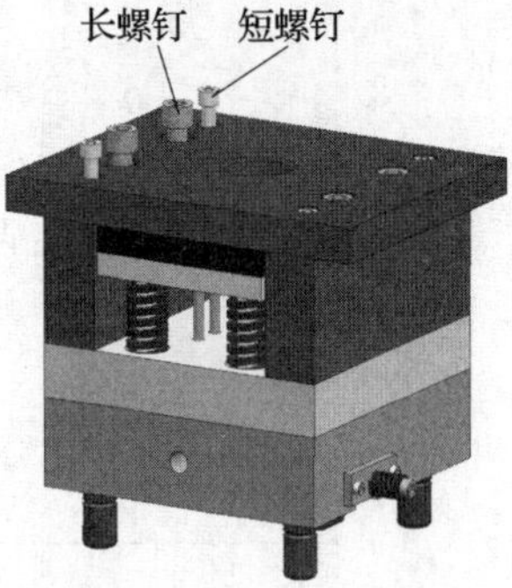 长螺钉 短螺钉
装配定模	装斜导柱	用铜棒将斜导柱插入孔内，保证导柱上端斜面和型腔固定板表面在同一平面	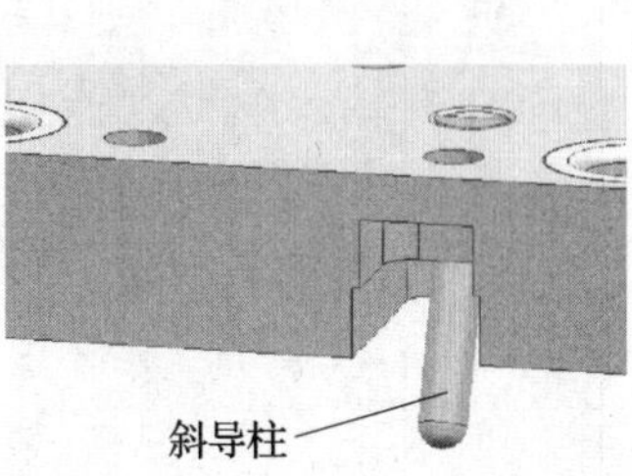 斜导柱

续表

工序	工步	装配操作	图示
装配定模	装斜楔	将斜楔按正确位置放入型腔固定板的槽内，并用内六角扳手拧紧吊紧螺钉	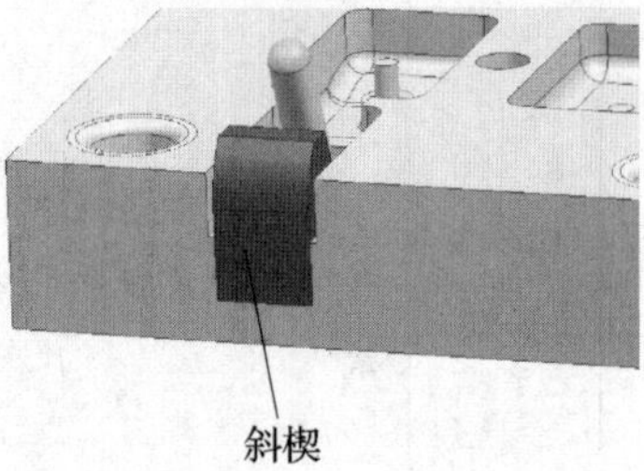 斜楔
	装定模座板	将定模座板放在型腔固定板上，并用内六角扳手拧紧四枚紧固螺钉	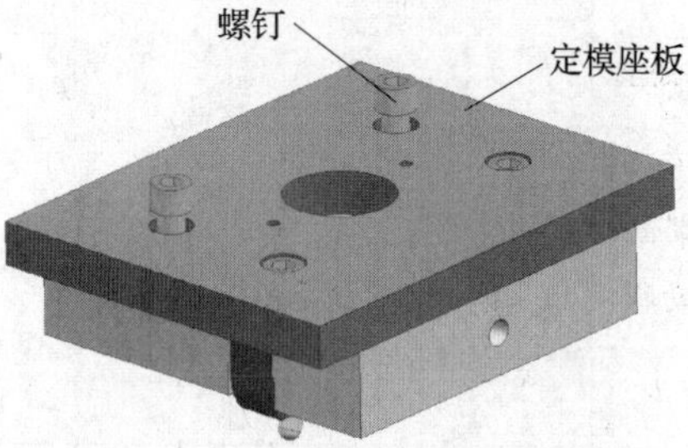 螺钉 定模座板
	装浇注系统	用小铜棒轻轻敲击浇口套，使其装入型腔固定板内	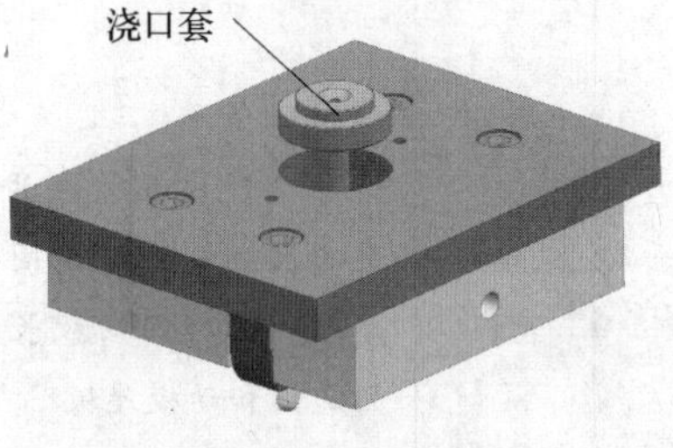 浇口套
		将定位圈放在定模座板上，并用内六角扳手旋紧两枚短螺钉	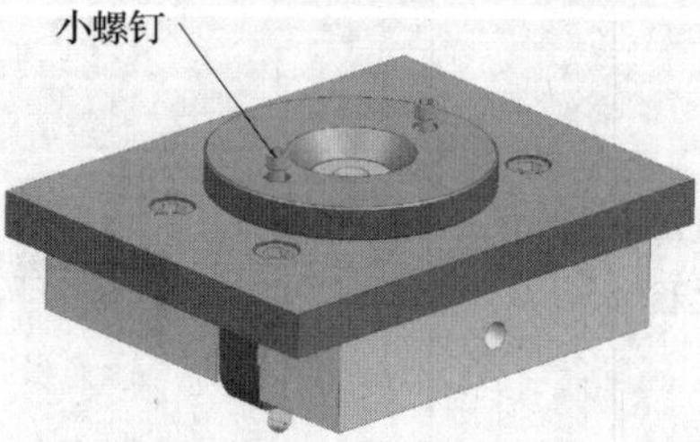 小螺钉

续表

工序	工步	装配操作	图示
模具总装配	—	利用动模上的四根长导柱装入定模，然后将动、定模合模。如果定模较重，可用起重设备通过模具上的吊耳进行吊装	吊耳

三、评价

侧抽芯盒子注塑模拆卸、装配操作评分标准见表2—3—3。

表2—3—3　侧抽芯盒子注塑模拆卸、装配操作评分标准

考核项目	考核内容及要求	配分	评分标准	检测结果	得分
拆卸操作	分离动、定模：将动模与定模完全分离，过程中不能损伤模具	2	操作不规范，每次扣1分		
	拆动模座板：将动模座板与模具分离，并将零件放置在规定位置	2	操作不规范，每次扣1分		
	拆模脚：将模脚与动模完全分离，并将其放置在规定位置	2	操作不规范每次扣2分		
	拆推出机构：按正确顺序及动作拆除推杆垫板、复位杆和推杆等零件，并将各零件放置在规定位置	6	拆除顺序不正确，不得分；使用工具拆除动作不规范，每次扣2分		
	拆弹簧与垫板：将四根弹簧取出，拆卸垫板，并将各零件放置在规定位置	3	操作不规范，每次扣1.5分		

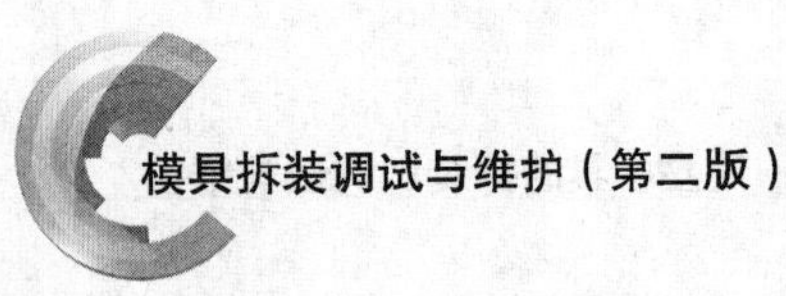

续表

考核项目	考核内容及要求	配分	评分标准	检测结果	得分
拆卸操作	拆型芯镶件：按正确顺序及动作拆卸型腔镶件	4	拆卸顺序不正确，不得分；使用工具拆卸的动作不规范，每次扣2分		
	拆限位组件：按正确顺序及动作拆卸长螺钉、短螺钉、弹簧及挡板等零件，并将零件放置在规定位置	6	操作不规范，每次扣1分		
	拆抽芯滑块：分离抽芯滑块等零件；使用工具操作规范	2	操作不规范，每次扣1分		
	拆导柱：将导柱与型芯固定板分离；使用工具动作规范	4	操作不规范，每次扣2分		
	拆定位圈：将定位圈分离，并将零件放置在规定位置	2	操作不规范，每次扣1分		
	拆浇口套：按正确顺序及动作拆卸浇口套；使用工具操作规范	4	操作不规范，每次扣2分		
	拆定模座板：将定模座板分离，并将零件放置在规定位置	4	操作不规范，每次扣1分		
	拆斜楔和斜导柱：按正确顺序及动作拆斜楔与斜导柱；使用工具操作规范	4	操作不规范，每次扣2分		
装配操作	装导柱：按正确顺序及动作装配导柱；使用工具操作规范	2	装配顺序不正确，不得分；操作不规范，每次扣2分		
	装型芯镶件：按正确顺序及动作装配型芯镶件	4	装配顺序不正确，不得分；操作不规范，每次扣1分		
	装抽芯滑块机构：按正确顺序及动作装配抽芯滑块、挡板、弹簧、螺钉等零件	6	装配顺序不正确，不得分；操作不规范，每次扣2分		

续表

考核项目	考核内容及要求	配分	评分标准	检测结果	得分
装配操作	装垫板及弹簧：装配垫板，安装弹簧圈；使用工具操作规范	4	操作不规范，每次扣2分		
	装推出机构：按正确顺序及动作装配推杆固定板、复位杆、推杆和推杆垫板；使用工具操作规范	4	装配顺序不正确，不得分；操作不规范，每次扣2分		
	装模脚：操作规范	2	操作不规范，每次扣1分		
	装动模座板：装配动模座板，分别固定其与模脚、型芯固定板；使用工具操作规范	2	操作不规范，每次扣1分		
	装斜导柱：按正确顺序及动作装配斜导柱；使用工具操作规范	2	装配顺序不正确，不得分；操作不规范，每次扣2分		
	装斜楔：位置放置正确；使用工具操作规范	4	操作不规范，每次扣2分		
	装定模座板：正确放置与固定；使用工具操作规范	2	操作不规范，每次扣2分		
	装浇注系统：按正确顺序及动作装配浇口套、定位圈等零件；使用工具操作规范	4	装配顺序不正确，不得分；操作不规范，每次扣2分		
	合模：按正确顺序及动作将动、定模进行合模，使用工具操作规范	2	装配顺序不正确，不得分；操作不规范，每次扣2分		
安全文明生产	正确执行安全操作规程	4	每违反一项规定，扣2分		
	正确穿戴劳保用品（如工作服、工作帽等）	3	穿戴不整齐，不得分		
工时定额	120 min	10	每超过10 min，扣5分；超过30 min，考核不及格		
总计		100			

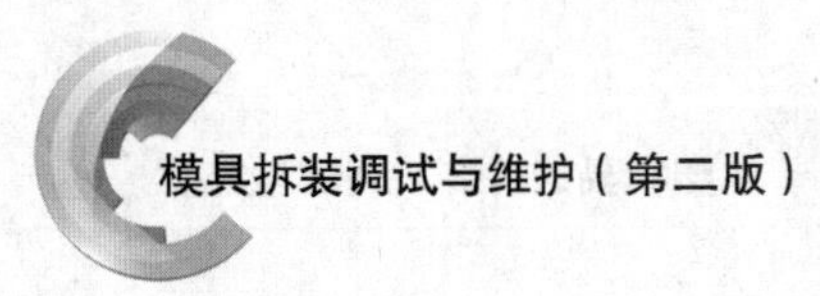

课题四　注塑模的调试与维护

注塑模装配后还要进行安装和调整、维护和保养等方面的工作，才能保证制件的质量。

一、注射机

1. 注射机的结构组成及作用

在生产实际中，注射机有多种类型，尽管它们外形不同，但基本是由塑化注射系统、合模系统、液压传动系统和电气控制系统等部分组成。图 2—4—1 所示为螺杆式卧式注射机。

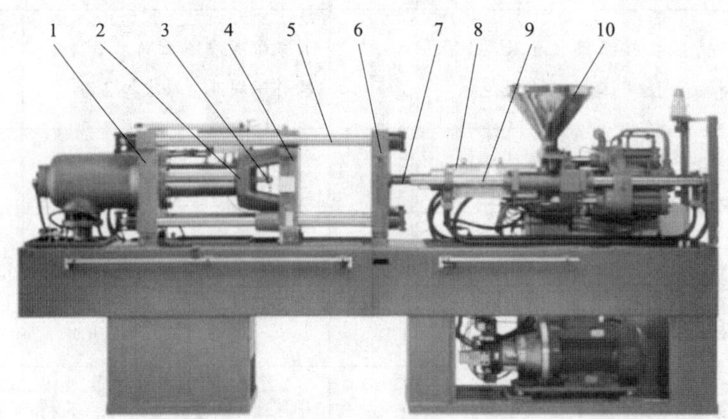

图 2—4—1　螺杆式卧式注射机

1—后模板　2—合模系统　3—顶杆　4—移动模板　5—导柱
6—前模板　7—喷嘴　8—机筒　9—螺杆　10—料斗

（1）塑化注射系统

塑化注射系统的主要作用是使塑料物料均匀地塑化成熔融状态的熔体，并以一定的注射压力和注射速度，把一定量的塑料熔体注入成型模具的模腔中。塑化注射系统的组成如图 2—4—2 所示。以图 2—4—1 所示螺杆式卧式注射机为例，它的塑化装置主要包括螺杆、机筒（料筒）和喷嘴。立式注塑机的塑化装置主要包括柱塞、料筒和喷嘴。在塑化装置中，螺杆是关键部件，负责塑化物料并将其注进模具腔体；机筒是重要部件，它与螺杆共同完成对物料的输送、塑化和注射；而喷嘴则是机筒与模具之间的连接桥梁，是注射时熔体高速注入模具的通道。

（2）合模系统

合模系统（又称为锁模系统）的作用是保证塑料模具灵活、准确、迅速、可靠和安全地启闭。合模系统的组成如图 2—4—3 所示。其中，模板主要用于安装塑料模具、导柱、合模机构、顶出机构等；导柱用于连接前模板、后模板，并保证模板能平行移动。

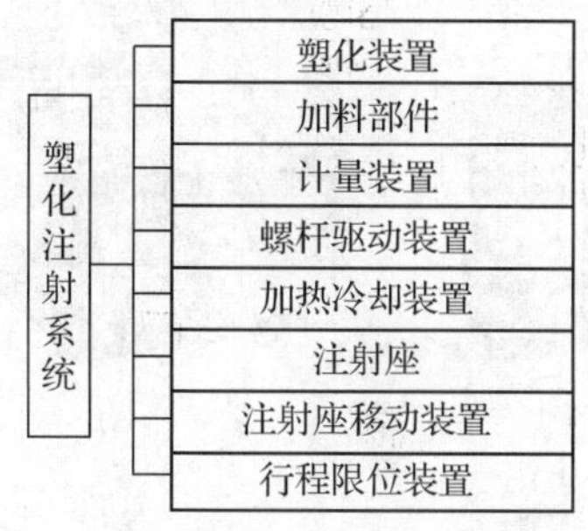

图 2—4—2　塑化注射系统的组成

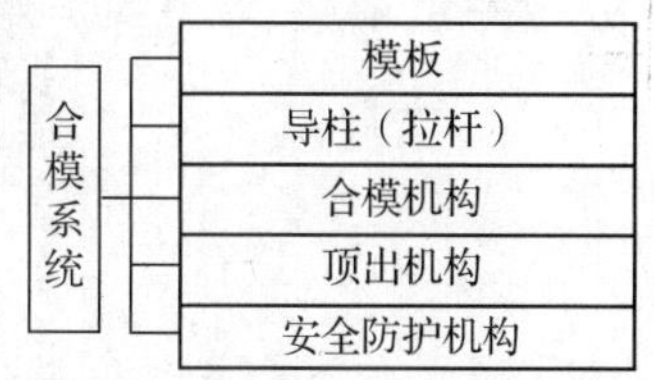

图 2—4—3　合模系统的组成

由于注入模具腔体的塑料熔体具有很高的压力，为防止塑料熔体外溢，保证模具腔体严密闭合，要求合模系统能够产生足够的合模力（又称为锁模力）。

（3）液压传动系统

作为动力系统的液压传动系统，其作用是保证注射机能够按照预定的工艺过程要求（如压力、速度、温度、时间等）和动作顺序准确、有效地工作。

（4）电气控制系统

电气控制系统的作用是与液压传动系统相互协调，完成注射机的各项预定动作。

2. 注射机的分类

（1）按外形结构特征分类

注射机按外形结构特征可分为卧式、立式、直角式、多模转盘式注射机等几大类。下面主要介绍前三类。

1）卧式注射机。其注射装置与合模装置轴线呈一线，与水平方向平行，模具沿水平方向打开，如图 2—4—4a 所示。它的重心低，工作平稳；模具安装、操作及维修均较方便；模具开档大，占用空间高度小，但占地面积大。大、中、小型卧式注射机均被广泛应用。

2）立式注射机。它的合模装置与注射装置的轴线呈一线排列，且与地面垂直，如图 2—4—4b 所示。它的优点是：占地面积小；模具装拆方便，嵌件安装容易；物料从料斗落入，能较均匀地进行塑化，易实现自动化及多台机自动线管理等。它的缺点是：顶出制件不易自动脱落，常需人工或其他方法取出，不易实现全自动化操作和大型制件注塑；机身高，加料、维修不便。

3）直角式注射机。它的注射装置和合模装置的轴线互成垂直排列，如图 2—4—4c 所示。直角式注射机是兼具卧式、立式注射机的优点，特别适用于开设侧浇口非对称几何形状制件的模具。

（2）按注塑装置结构形式分类

注射机按注塑装置的结构形式可分为柱塞式、螺杆式注射机。

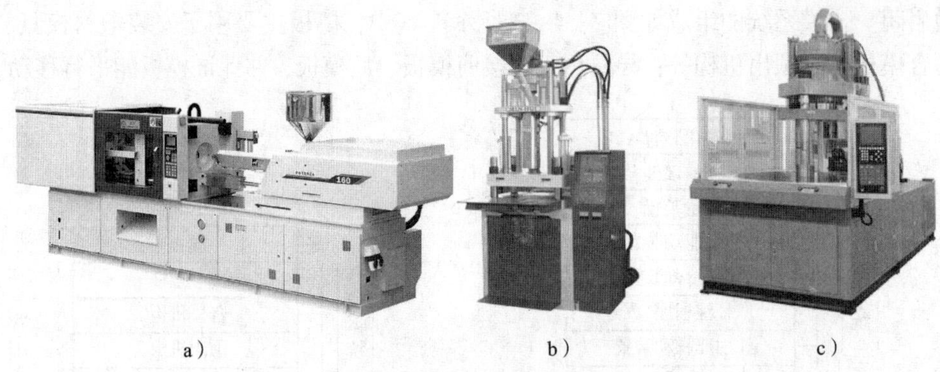

a）　b）　c）

图 2—4—4　常见注射机

a）卧式注射机　b）立式注射机　c）直角式注射机

1）柱塞式注射机。柱塞式注射机使用的是柱塞式注射装置（图 2—4—5）。注射柱塞是直径为 $\phi20\sim\phi100$ mm 的金属圆杆。当柱塞后退时，物料从料斗中定量地落入料筒内；当柱塞前进时，塑料物料通过料筒与分流梭的腔内，分成薄片，被均匀加热，并在剪切作用下进一步混合和塑化，最后完成注射。立式注射机多为柱塞式结构，适用于不易成型、流动性差、热敏性强的塑料。柱塞式注射机由于自身结构特点，在注射成型中存在着塑化不均、注射压力损失大等问题。

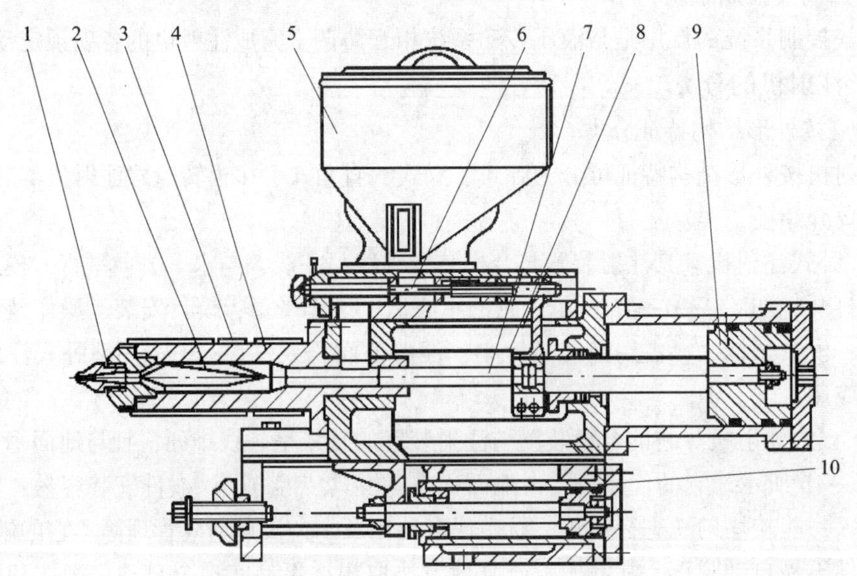

图 2—4—5　柱塞式注射装置

1—喷嘴　2—分流梭　3—加热器　4—料筒　5—料斗　6—计量室
7—注射柱塞　8—传动臂　9—注射活塞　10—注射座移动液压缸

2）螺杆式注射机。螺杆式注射机使用的是螺杆式注射装置，如图 2—4—6 所示。螺杆在料筒内旋转时，将料斗内的塑料卷入，逐渐压实、排气和塑化，将塑料熔体推向料筒的前端，积存在料筒顶部和喷嘴之间，螺杆本身受熔体的压力而缓慢后退。当积存的熔体达到预定的注射量时，螺杆停止转动，在液压缸的推动下，将熔体注入模具。卧式注射机多为螺杆式结构。

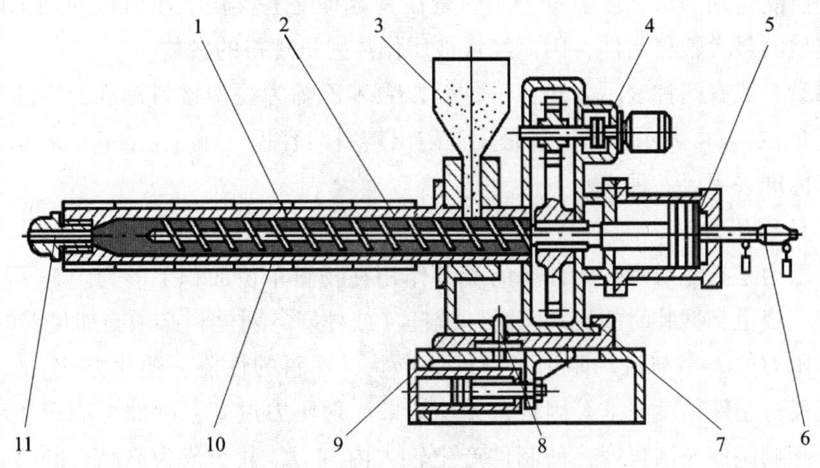

图 2—4—6 螺杆式注射装置

1—料筒 2—螺杆 3—料斗 4—螺杆传动机构 5—注射液压缸 6—计量装置 7—注射座 8—转轴 9—注射座移动液压缸 10—加热器 11—喷嘴

（3）按合模装置结构形式分类

注射机按合模装置的结构形式可分为全液压式注射机和液压机械式注射机。全液压式注射机是直接用液压油缸推动动模板完成开、合模动作，并且直接由液压力锁紧模具。液压机械式注射机是由液压油缸通过机械机构推动动模板进行开、合模动作的。

3. 注射机的主要技术参数

注射机注射成型工艺过程如图 2—4—7 所示，其中涉及很多重要的技术参数。技术参数设置是否合理直接影响塑料制件的质量。

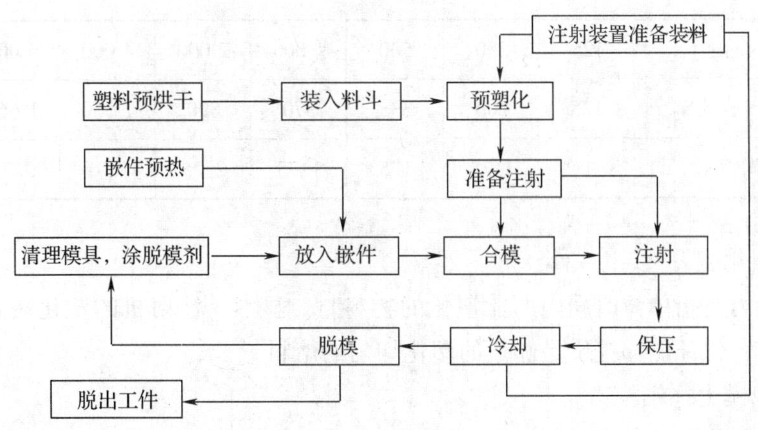

图 2—4—7 注射成型工艺过程

（1）注射量

注射量是指注射机在对空注塑的条件下，注射螺杆或柱塞做一次最大注射行程时，注射装置所能达到的最大注射量。注射量在一定程度上反映了注射机的加工能力，标志着能成型的最大塑料制件，因而经常被用作注射机规格的参数。

注射量一般有两种表示方法：一种是以聚苯乙烯为注塑材料标准，用注射出熔料的质量（单位：g）表示；另一种是用注射出熔料的容积（单位：cm^3）表示。我国注射机系列标准采用后一种表示方法。

（2）注射压力

注射压力是指注射螺杆或柱塞的端部作用在物料单位面积上的力。为了克服熔料流经喷嘴、浇道和型腔时的流动阻力，螺杆（或柱塞）对熔料必须施加足够的压力。

注射压力的大小与流动阻力、制件的形状、塑料的性能、塑化方式、塑化温度、模具温度及对制件精度要求等因素有关。如果注射压力过高，制件可能产生毛边，脱模困难，影响制件光洁程度，使制件产生较大内应力，甚至成为废品，同时还会影响到注射装置及传动系统的设计。如果注射压力过低，则易产生物料充不满模腔，甚至是无法成型等现象。

（3）注射速度与注射时间

注射速度表示每秒钟注入型腔的最大熔料体积。注射时间是指注射螺杆或柱塞向模腔内注射最大容量的物料时所需要的最短时间。

注射机分高速、低速两种。注射速度或注射时间的选定很重要，直接影响到制件的质量和生产率。如果注射速度过低（即注射时间过长），制件易形成冷接缝，不易充满复杂的模腔。如果注射速度过高，熔料高速流经喷嘴时易产生大量的摩擦热，使物料发生热解和变色，模腔中的空气由于被急剧压缩产生热量，在排气口处有可能出现制件烧伤现象。常用注射速度及注射时间的参考数值见表2—4—1。

表2—4—1　　常用注射速度及注射时间的参考数值表

注射量（cm^3）	125	250	500	1 000	2 000	4 000	6 000	10 000
注射速度（cm^3/s）	125	200	333	570	890	1 330	1 660	2 000
注射时间（s）	1	1.25	1.5	1.75	2.25	3.01	3.75	5

（4）塑化能力

塑化能力是指单位时间内所能塑化的物料量。显然，注射机的塑化装置应该在规定的时间内，保证能够提供足够量的塑化均匀的熔料。

（5）合模力（锁模力）

合模力是指注射机的合模机构对模具所能施加的最大夹紧力。在合模力的作用下，模具不应被熔融的塑料所顶开。同注射量一样，合模力在一定程度上反映出注射机所能塑制制件的大小，是一个重要参数。所以，部分国家采用最大合模力作为注射机的规格标称。

为使注射时模具不被熔融的物料顶开，则合模力 F 应为：

$$F \geqslant KPS/1\,000$$

式中 F——合模力，kN。

P——注射压力，N/cm^2。

S——制件在模具分型面上的投影面积，cm^2。

K——压力损失的折算系数，一般选取 0.4 ~ 0.7。对黏度小的塑料（如尼龙）取 0.7，对黏度大的塑料（如聚氯乙烯）取 0.4。模具温度高时取大值，模具温度低时取小值。

(6) 合模装置的基本尺寸

合模装置的基本尺寸包括模板尺寸、拉杆空间的最大距离、模板间最大开距、动模板的行程、模具最大厚度与最小厚度等。这些参数规定了注射机所加工制件使用的模具尺寸范围，亦是衡量合模装置好坏的参数。

(7) 开、合模速度（动模板移动速度）

为使模具闭合时平稳以及开模、顶出制件时不损坏制件，要求模板慢行。但是，模板又不能在全行程中慢速运行，这样会降低生产率。因此，在每一个成型周期中，模板的运行速度是变化的，即：在合模时从快到慢，开模时则由慢到快再到慢。目前国产注射机的动模板移动速度：高速注射机，12 ~ 22 m/min；低速注射机，0.24 ~ 3 m/min。

4. 注射机的选用及参数校核

注射机选用涉及两个方面：第一，确定注射机型号，使注射机规格参数满足塑料、塑料制件、注射模具及注射工艺等要求；第二，调整注射机技术参数，直至满足所需要求。其具体过程分为以下三个阶段：

(1) 根据塑料的品种，塑料制件的结构、成型方法、生产批量，现有设备及注射工艺，选择注射机类型。

(2) 根据以往的经验和注射模具大小，初步选择注射机型号。

(3) 校核注射机参数，以满足生产的要求。注射机参数校核通常包括五方面：最大注射量校核、注射压力校核、合模力校核、安装部分尺寸校核、开模行程和顶出机构校核，相关要求见表 2—4—2。

表 2—4—2　注射机参数校核

校核参数	校核要求
最大注射量	塑料制件与浇注系统凝料的质量之和应不大于注射机的公称注射量的 80%
注射压力	注射机的公称压力要大于塑料制件的成型压力

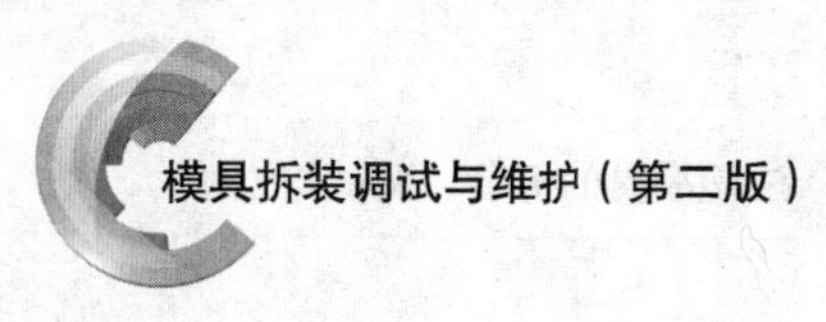

续表

校核参数	校核要求
锁模力	高压塑料熔体充满模腔时产生的推力应小于注射机的公称合模力，否则将产生溢料现象
安装部分尺寸	应校核喷嘴尺寸、定位圈尺寸、最大模具厚度、最小模具厚度及模板上的螺孔尺寸
开模行程和顶出机构	塑料制件从注射模具中取出时所需的开模距离必须小于注射机的最大开模距离，否则塑料制件无法从模具中取出 校核顶出机构的形式，具体形式包括中心顶杆机械顶出、两侧双顶杆机械顶出、中心顶杆液压顶出与两侧双顶杆机械顶出、中心顶杆液压顶出与其他辅助油缸联合作用

5. 注射机的操作方式

注射成型是一个按照预定顺序进行周期性动作的过程。根据需要，注射机通常有四种操作方式：调整、手动、半自动、全自动操作。

（1）调整操作

调整操作（又称为点动）是为装卸注射模具、螺杆或检修注射机而设置的操作方式。在调整操作方式下，注射机的所有动作都必须按住相应按钮开关才能慢速运行。放开按钮，动作即停止。

（2）手动操作

手动操作是为试模或开始阶段试生产而设置的操作方式。手动操作时按住相应的按钮，注射机便运行相应的动作，直至注射机动作完成才松开按钮。当然，在自动生产有困难的情况下，也可采用手动操作方式。

（3）半自动操作

半自动操作是指将注射机安全门关闭之后，注射成型工艺过程中的各个动作按照一定的顺序自动进行，直至取出塑料制件为止。半自动操作可减轻操作人员的劳动强度，避免操作错误造成事故。

（4）全自动操作

全自动操作是指注射机的全部操作过程都由自动控制装置控制的操作方式。在这种操作方式下，注射机的操作过程自动往复进行，直至取出塑料制件为止。全自动操作方式可大大提高生产效率，它是注射机最好的操作方式。

6. 注射机性能的调整

（1）手动调模

1）装模之前，测量模具厚度，估算模具推杆板最大行程，用手动操作方式调整模具，使模具承受到少许压力，再停机将模具固定。

2）模具固定后，将合模、开模压力及速度调至30%～40%，取消任何特快动作。开模后，检查模具内是否有杂物，开启顶出动作，查看推杆行程是否到位。再调整模厚，并调整好三级合模力和速度，使模具合紧状态达到最佳位置。一般来说，锁模油缸所产生推力与油缸内的压力成正比。但是，由于普通注射机机铰的放大，两者之间并不成线性比例。因此，合模力以达到足够防止射胶时产生溢边即可。合模力不必调得太高，以免加重机器的负荷。

（2）喷嘴中心调校

喷嘴中心要和模具中心相对应，同轴度误差一般在0.5 mm之内。

（3）背压的调整

背压的目的主要是增加熔胶筒内塑料熔化后的密度，所以应依照塑料原料的特性及制件的需求做出适当的调整。背压可消除制件缩水，但是如果调整不当也会造成多种问题，如起模困难、浇口拉断等。

（4）电动机过载保护的调整

注射机安装有电流过载保护器。当出现过载时，电流过载保护器就会自动切断电源，以防止注射机损坏。

（5）冷却水的调节

冷却水的量要根据注射机的负荷而定。模具冷却不当，会影响制件成品的质量并造成脱模困难。熔胶筒尾部的冷却水圈应保持畅通及低温，以防止塑料在料斗附近熔化，造成回料困难。

二、注射机的安全操作规程

1. 开机前

（1）清理工作场地、工作台及注射机内外，用干净棉纱擦拭注射座及合模部分拉杆。

（2）检查注射机的控制开关、按钮、操纵手柄、手轮及电气线路有无损坏或失灵现象。开机前，开关、手柄应在“断”的位置上。

（3）检查注射机各部分的安全保护装置（如机械锁杆、止动板、安全防护开关等）是否完好，工作是否正常。不准随便移动安全防护装置，并禁止改装或故意使其失去作用。

（4）检查安全门工作是否正常。如果安全门行程开关失灵，不允许启动注射机。严禁不使用安全门（罩）操作。

（5）检查各部位螺钉是否拧紧，有无松动。发现零部件异常或损坏，应及时处理。

（6）检查冷却水管路并试通水，检查水流是否通畅，是否堵塞或滴漏。

（7）检查料斗内是否有异物，如有异物应立即清除；料斗盖应盖好，防止灰尘、杂物落入料斗内；料斗上方不许存放任何物品。

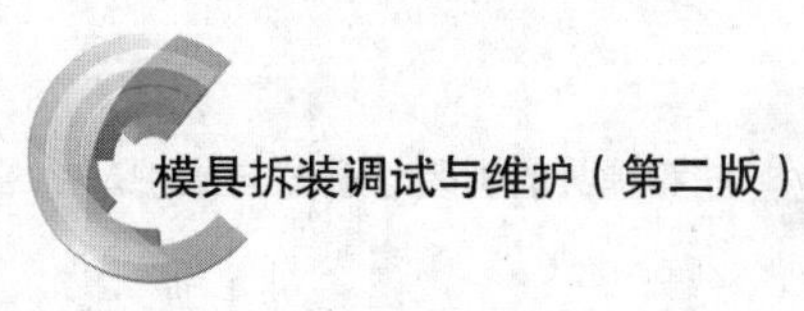

2. 开机中

（1）合上机床总电源开关，检查是否漏电；按设定的工艺温度预热机筒、模具，并保温20 min以上，以使机筒各部位温度均匀。

（2）打开油冷却器冷却阀门，对回油进行冷却。先以点动方式启动油泵，只有未出现异常，才能正式启动。只有控制系统显示屏上显示“马达开”，才能运转注射机。

（3）手动启动螺杆，检查螺杆转动有无异响或卡滞。

（4）机床各转动部分的盖板、防护罩等应盖上并安全固定。

（5）未经允许不准按动机床的按钮、手柄。不允许两人及以上同时操作一台注塑机。

（6）合模时发现异常应立即停止注射机，通知维修人员排除故障。

（7）机床维修或模具清理时间较长（10 min以上）时，应先将注射座后退，使喷嘴离开模具，关闭电动机。维修人员维修注射机时，操作者不准脱岗。

（8）每次对空注射的时间不超过5 s。如果机床连续两次注射无动作，应先让邻近人员离开危险区，再检查并清理喷嘴部位。清理时应使用工具（如铁钳），不允许用手，以免烫伤。

（9）机床运行中，禁止踩踏、攀爬熔胶筒及在其上搁置物品，以防烫伤、电击及火灾发生。

（10）在料斗不下料或螺杆转动状态下，不准使用金属棒（或杆）捅料斗，以免损坏机床。

（11）机床运行中如果出现异响、异味、火花、漏油等情况，应立即停机，及时上报，并说明故障现象及其可能的原因。

3. 关机

（1）关闭料斗闸板，继续正常生产至机筒内无料，或手动操作对空注射数次，直至喷嘴无熔料射出。

（2）关机时，要使注射座与固定模板脱离，模具处于开模状态。关闭冷却水管路，把各开关旋至“断”位置，最后一班时要将机床总电源关闭。

（3）关机后，应将机筒、螺杆清洗干净。要清理机床、工作台及地面，清除杂物、油渍及灰尘，保持工作场所干净、整洁。

三、注塑模的调试工艺

注塑模调试的目的有两个：一是找出模具的问题点；二是找出最佳的成型条件。

1. 注塑模调试前的检查工作

注塑模调试前，要按照下列步骤和要求逐一对模具和机床进行检查，不得漏检。

（1）模具外观检查

1）检查模具的闭合高度、安装机床的各配合尺寸、顶出形式、开模距离、模具工作要求等，要符合选定设备的技术条件。

2）检查大型模具是否有起重孔或吊耳，及模具外露部分锐角要倒钝，以便于安装及搬运。

3）检查各种接头、阀门、附件、备件是否齐备。模具要有合模标志。

4）检查成型零件、浇注系统表面，应光洁、无塌坑及明显伤痕。

5）检查各滑动零件的配合间隙是否适当，要求无卡滞、紧涩现象，活动要灵活、可靠；起止位置的定位要正确；各镶嵌件、紧固件要牢固，无松动现象。

6）检查模具的强度是否足够，工作时受力要均匀，模具稳定性要良好。

7）检查加料室和柱塞高度是否适当，凸模（或柱塞）与加料室配合是否合适。

8）检查工作时互相接触的承压零件（如型芯与型腔）之间的间隙是否适当，承压面积及承压形式是否合理，以防止工作时零件直接挤压受损。

（2）模具的空运转检查

1）合模后各承压面（分型面）之间不得有间隙，接合要严密。

2）活动型芯、顶出及导向部位运动时应滑动平稳，动作自如，定位准确、可靠。

3）锁紧零件要安全可靠，紧固件无松动现象。

4）开模时，顶出部位要保证顺利脱模，以便于取出塑件和浇注系统的废料。

5）冷却水要通畅，无泄漏，阀门控制要正常。

6）电加热系统无漏电现象，安全可靠。

7）各气动、液压控制机构动作要正常。

8）各附件齐全，适应良好。

2. 试模前的准备工作

（1）试模原料的准备

检查试模原料是否符合图样规定的技术要求，原料应进行预热与烘干。

（2）熟悉图样及工艺

1）熟悉制件产品图，掌握塑料成型特性、制件特点。

2）熟悉模具结构、动作原理及操作方法。

3）掌握试模工艺要求、成型条件及操作方法。

4）熟悉各项成型条件的作用及相互关系。

（3）检查模具结构

按图样对模具进行仔细检查，确认无误后，才能安装模具并开始试模。

（4）熟悉设备使用情况

1）熟悉设备结构及操作方法、使用保养知识。

2）检查设备成型条件是否符合模具应用条件及能力。

（5）工具及辅助工艺配件准备

1）准备试模所用的工具、量具、夹具。

2）准备一个记录本，以记录在试模过程中出现的异常现象及成型条件变化状况。

3. 注塑模的调整要点

注塑模的调整要点见表 2—4—3。

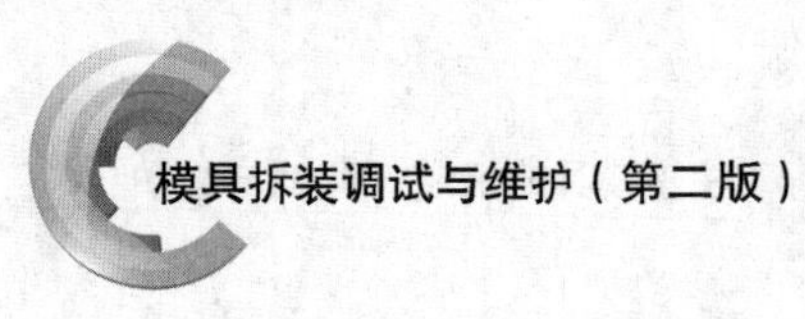

表 2—4—3　　注塑模的调整要点

项目	主要说明
选择喷嘴及螺杆	(1) 根据不同塑料、按设备要求选用螺杆 (2) 按塑料品种及成型工艺要求选用喷嘴
调节加料量，确定加料方式	(1) 按制件质量（包括浇注系统耗用量，但不计嵌件）决定加料量，并调节定量加料装置，最后以试模为准 (2) 按成型要求调节合适的加料方法。常用的加料方法如下： 1) 固定加料法。在整个成型周期中，喷嘴与模具一直保持接触。这种方法适于一般塑料加工 2) 前加料法。每次注射后，塑化达到要求注射容量时，注射座后退，直至下一个循环开始时再推进，使模具与喷嘴接触进行注射 3) 后加料法。注射后注射座后退，进行预塑化，待下一个循环开始，再回复原位进行注射。这种方法主要用于结晶性塑料 (3) 如果注塑模的注射座来回移动，则应调节定位螺钉，以保证正确复位。喷嘴与模具要紧密配合
调节合模系统	安装好模具后，按照模具闭合高度、开模距离，调节合模系统及缓冲装置，应保证开模距离要求。合模力松紧要适当，开、闭模具时要平稳、缓慢
调整顶出装置与抽芯系统	(1) 调节顶出距离，以保证正常顶出制件 (2) 对设有抽芯系统的注射机，应将装置与模具连接，调节控制系统，以保证起止动作协调和定位及行程正确
调整塑化能力	(1) 按成型的具体条件进行调节 (2) 调节料筒及喷嘴温度，塑化能力应按试模时塑化情况酌情增减
调节注射压力和注射速度	(1) 按成型要求调节注射压力 $P_{注}=p_{表}d_{缸}/d_{螺}$ 式中 $P_{注}$——注射压力，N/cm^2 $p_{表}$——压力表读数，N/cm^2 $d_{缸}$——油缸活塞直径，cm $d_{螺}$——螺杆直径，cm (2) 按制件及壁厚调节流量阀，以调节注射速度
调节成型时间	按成型要求来控制注射、保压、冷却时间及整个成型周期。试模时应手动控制，酌情调整各程序时间，也可以调节时间继电器自动控制成型时间
调节模具温度及水冷系统	(1) 按成型条件调节水流量和电加热电压，以控制模具温度及冷却速度 (2) 开机前，应打开油泵、料斗及冷却水系统
确定操作次序	装料、注射、闭模、开模等工序应按成型要求调节。试模时必须采用人工控制，生产时可采用自动及半自动控制

4. 注射成型时常见制件缺陷及解决办法

在注射成型加工过程中，常会因为原材料处理不当、制件或模具设计不合理、操作人员没有掌握合适的工艺条件，或者注射机的机械方面的原因等，使制件产生充填不满、凹陷、飞边、气泡、尺寸变化等缺陷。注射成型（包括试模）过程中常见制件缺陷、产生原因及解决方法见表2—4—4。

表2—4—4　注射成型过程中常见的制件缺陷、产生原因及解决方法

制件缺陷	产生原因	解决方法
制件充填不满	（1）料筒、喷嘴的温度偏低 （2）模具温度不够 （3）加料量不够 （4）料筒内的剩料太多 （5）制件超过注射机最大注射量 （6）注射压力太低 （7）注射速度太慢或太快 （8）型腔排气不良 （9）流道或浇口尺寸太小 （10）注射时间太短，柱塞式螺杆退回太早 （11）杂物堵塞机筒喷嘴，或弹簧喷嘴失灵	（1）提高料筒及喷嘴温度 （2）提高模具温度 （3）适当增加加料量 （4）减少加料量 （5）选用注射量更大的注射机 （6）提高注射压力，或适当提高温度 （7）合理控制注射速度 （8）模具开排气孔 （9）适当增加浇口尺寸 （10）增加注射时间及预塑时间 （11）清理喷嘴，更换喷嘴零件
制件溢边	（1）注射压力太大 （2）模具闭合不紧或单向受力 （3）模型平面落入异物 （4）塑料温度太高 （5）制件投影面积超过注射机所允许的塑制面积 （6）模板变形弯曲	（1）适当减小注射压力 （2）提高合模力，调整合模装置 （3）清理干净模具 （4）降低料筒及模具温度 （5）改变制件造型或更换大型注射机 （6）检修模板或更换模板
制件有气泡	（1）原料含水分、溶剂或易挥发物 （2）塑料温度太高或受热时间太长，已降解或分解 （3）注射压力太小 （4）注射柱塞退回太早 （5）模具温度太低 （6）注射速度太快 （7）在料筒加料端混入空气	（1）原料进行干燥处理 （2）降低成型温度，或拆机更换新料 （3）提高注射压力 （4）延长退回时间，或增加预塑时间 （5）提高模具温度 （6）降低注射速度 （7）适当增加背压以排气，或对空注射

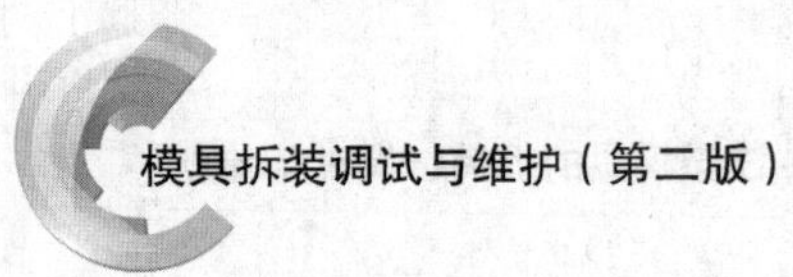

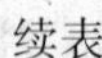

续表

制件缺陷	产生原因	解决方法
制件产生凹痕	(1) 流道、浇口太小 (2) 制件太厚或薄厚悬殊太大 (3) 浇口位置不适当 (4) 注射时间及保压时间太短 (5) 加料量不够 (6) 料筒温度太高 (7) 注射压力太小 (8) 注射速度太慢	(1) 增加流道、浇口尺寸 (2) 改进制件工艺设计，使制件薄厚相差小 (3) 浇口开在制件的壁厚处，改进浇口位置 (4) 延长注射时间及保压时间 (5) 增加加料量 (6) 降低料筒温度 (7) 提高注射压力 (8) 提高注射速度
制件产生熔接痕	(1) 塑料温度太低 (2) 浇口太多 (3) 脱模剂过量 (4) 注射速度太慢 (5) 模具温度太低 (6) 注射压力太小 (7) 模具排气不良	(1) 提高料筒、喷嘴及模具温度 (2) 减少浇口或改变浇口位置 (3) 采用雾化脱模剂，减少用量 (4) 提高注射速度 (5) 提高模具温度 (6) 提高注射压力 (7) 增加模具排气孔
制件表面波纹	(1) 料筒温度太低 (2) 注射压力太小 (3) 模具温度太低 (4) 注射速度太慢 (5) 流道、浇口太小	(1) 提高料筒温度 (2) 提高注射压力 (3) 提高模具温度 (4) 提高注射速度 (5) 增大流道、浇口尺寸
黑点及条纹	(1) 塑料已分解 (2) 塑料碎屑卡入注射柱塞和机筒之间 (3) 喷嘴与模具主流道吻合不良，产生积料，并在每次注塑时带入模腔 (4) 模具无排气孔	(1) 降低料筒温度或换原料 (2) 提高料筒温度 (3) 检查喷嘴与模具注口，使之吻合良好 (4) 增加模具排气孔
银纹、斑纹	(1) 塑料温度太高 (2) 原材料含水量太大，或有低挥发物掺入 (3) 注射压力太低 (4) 流道、浇口太小	(1) 降低模具温度 (2) 原材料进行干燥处理，避免污染 (3) 提高注射压力 (4) 增加流道、浇口尺寸

续表

制件缺陷	产生原因	解决方法
制件变形	(1) 冷却时间不够 (2) 模具温度太高 (3) 同一制件不同位置的厚度相差过大 (4) 制件推杆位置不当，受力不均 (5) 模具前后温度不均 (6) 浇口部分过分地填充	(1) 延长冷却时间 (2) 降低模具温度 (3) 改进制件厚度的工艺设计 (4) 改变制件与推杆的位置，使受力均匀 (5) 使模具分成两半的成型部分的温度一致 (6) 减少垫料
制件产生裂纹	(1) 模具温度太低 (2) 制件冷却时间太长 (3) 制件顶出装置倾斜或不平衡 (4) 推杆截面积太小或数量不够 (5) 嵌件未预热或温度不够 (6) 制件斜度不够	(1) 提高模具温度 (2) 减少冷却时间 (3) 调整顶出装置的位置使制件受力均匀 (4) 增加推杆的截面积或数量 (5) 提高嵌件预热温度 (6) 改进制件工艺设计，增加斜度
制件脱皮分层	(1) 不同品种的塑料混杂 (2) 不同牌号的同品种塑料相混 (3) 塑化不均匀 (4) 混入异物	(1) 采用单一品种的塑料 (2) 采用同牌号、同品种的塑料 (3) 提高成型温度，并使之均匀 (4) 清理原材料，除去杂质
制件强度下降	(1) 塑料降解或分解 (2) 成型温度太低 (3) 熔接不良 (4) 塑料回料用次数太多 (5) 塑料潮湿 (6) 浇口位置不当（如在受弯曲力处） (7) 塑料混入杂质 (8) 制件设计不良，如有锐角、缺口 (9) 围绕金属嵌件周围的塑料厚度不够 (10) 模具温度太低	(1) 适当降低温度或清理料筒 (2) 提高成型温度 (3) 提高熔接缝的强度 (4) 减少回料混入新料的比例 (5) 原料进行干燥处理 (6) 改变浇口位置 (7) 原料过筛除去杂质和废物 (8) 改进制件的工艺设计，避免锐角、缺口 (9) 嵌件设置在壁厚处，改变嵌件位置 (10) 提高模具温度

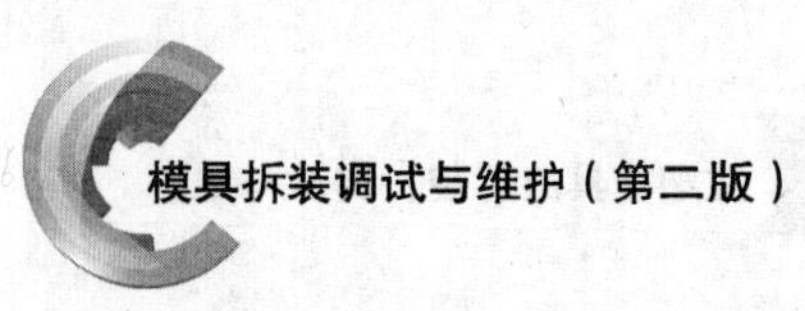

续表

制件缺陷	产生原因	解决方法
制件脱模困难	（1）模具成型表面粗糙 （2）型腔脱模斜度小 （3）模具镶块处缝隙太大 （4）成型周期太短或太长 （5）模芯无进气孔 （6）模具温度不合适 （7）注射压力太高，注射时间太长 （8）模具表面划伤或刻痕 （9）顶出装置结构不良	（1）降低模具成型表面的表面粗糙度 （2）增加模具型腔的脱模斜度 （3）减少模具镶块处缝隙 （4）调整成型周期 （5）缩短闭合时间或增加进气孔 （6）降低模具温度 （7）降低注射压力，缩短注射时间 （8）检修模具型腔 （9）改进顶出装置的结构
制件尺寸不稳定	（1）注射机液压系统或电气系统不稳定 （2）成型周期不一致 （3）浇口太小或不均 （4）模具定位杆弯曲或磨损 （5）加料量不均 （6）制件冷却时间太短 （7）温度、压力、时间变更 （8）塑料颗粒大小不均 （9）回料与新料混合比例不均	（1）检查液压、电气系统的稳定性 （2）使成型周期均匀一致 （3）加大浇口尺寸 （4）检查模具定位杆 （5）使每个周期的进料和垫料保持不变 （6）延长制件冷却时间 （7）稳定成型工艺条件 （8）采用颗粒均匀的原料 （9）调整回料与新料的比例

四、注塑模的维护、管理方法及要领

1. 注塑模的维护方法

为了使模具保持最佳的性能、状态，确保生产的正常进行，延长其使用寿命，需要由模具维修、操作人员分工协作，按照注塑模维护保养规程的规定，完成每日例行的检查和维护，定期进行必要的检修，并认真记录注塑模的维护情况。注塑模的日常保养记录表、定期保养记录表举例分别见表2—4—5、表2—4—6。

2. 注塑模的管理方法

注塑模在完成装配、试模后进行试生产，经检验合格后，即可投入塑料制件的批量生产。在塑料制件批量生产过程中，如果操作人员对模具保养不及时或保养不当，往往会使合格的模具变为不合格的模具，使成型的塑料制件成为不合格品，情况严重时还会损坏模具或降低模具的使用寿命。因此，注塑模的正确管理是一项非常重要且必不可少的工作。

表 2—4—5

注塑模的日常保养记录表

工厂：　　　　　　　　车间：

模具名称																模具编号																
类别	日期 维护项目	1	2	3	4	5	6	7	8	9	10	11	12	13	14	15	16	17	18	19	20	21	22	23	24	25	26	27	28	29	30	31
检查项目	模具冷却水路是否畅通																															
	型腔各螺钉是否有松动																															
	顶杆工作时无异常声音																															
	合模机械动作时无声响																															
	滑块机械动作保持顺畅																															
	合模压块螺钉是否牢固																															
	模具各定位螺钉检查																															
	型腔及型芯是否有损坏																															
保养项目	分型表面锈斑去除																															
	滑块部位加润滑油																															
	推杆内部加润滑油																															
	导柱及导套内加润滑油																															
	分型面保持清洁干净																															
备注																																
负责人：现场生产班长																	操作人员															

注：现场生产班长是模具的使用及维护负责人，以督导操作人员对模具进行良好的维护、清洁。

填写方式："√"表示良好，"×"表示无法使用，在备注栏内标注处理结果状况。字迹填写工整、规范。

表 2—4—6　　注塑模的定期保养记录表

工厂：　　车间：　　表单编号：

<table>
<tr><td colspan="2">模具名称</td><td></td><td>模具编号</td><td></td><td>保养班组</td><td colspan="12"></td><td>定期保养□ 定期检查○</td></tr>
<tr><td rowspan="2">序号</td><td colspan="4" rowspan="2">保养检定内容</td><td rowspan="2">保养标准</td><td colspan="12">保养实施情况（下一行签写保养日期）</td><td rowspan="2">备注</td></tr>
<tr><td></td><td></td><td></td><td></td><td></td><td></td><td></td><td></td><td></td><td></td><td></td><td></td></tr>
<tr><td rowspan="2">1</td><td rowspan="2">精度</td><td colspan="3">（1）成型部位的顶块、轴、杆、套的配合间隙</td><td rowspan="2">次/季度</td><td></td><td></td><td></td><td></td><td></td><td></td><td></td><td></td><td></td><td></td><td></td><td></td><td></td></tr>
<tr><td colspan="3">（2）锁紧定位面、分型面、滑块及对插面的配合面积及配合间隙</td><td></td><td></td><td></td><td></td><td></td><td></td><td></td><td></td><td></td><td></td><td></td><td></td><td></td></tr>
<tr><td>2</td><td>外观</td><td colspan="3">模具表面及成型面喷防锈油（或涂防锈油脂）</td><td>次/半年</td><td></td><td></td><td></td><td></td><td></td><td></td><td></td><td></td><td></td><td></td><td></td><td></td><td></td></tr>
<tr><td rowspan="2">3</td><td rowspan="2">清洁及润滑点</td><td colspan="3">（1）分型面、排气槽、导柱及导套，锁紧斜面及哈夫块滑道</td><td>次/批</td><td></td><td></td><td></td><td></td><td></td><td></td><td></td><td></td><td></td><td></td><td></td><td></td><td></td></tr>
<tr><td colspan="3">（2）斜导柱、锁紧块、滑块、齿轮、齿条及滑道板摩擦面</td><td>次/5 000 件或季度</td><td></td><td></td><td></td><td></td><td></td><td></td><td></td><td></td><td></td><td></td><td></td><td></td><td></td></tr>
<tr><td rowspan="2">4</td><td rowspan="2">紧固点</td><td colspan="3">（1）锁紧块、油缸及滑块滑道板等的螺钉</td><td rowspan="2">次/批</td><td></td><td></td><td></td><td></td><td></td><td></td><td></td><td></td><td></td><td></td><td></td><td></td><td></td></tr>
<tr><td colspan="3">（2）各模板固定螺钉</td><td></td><td></td><td></td><td></td><td></td><td></td><td></td><td></td><td></td><td></td><td></td><td></td><td></td></tr>
<tr><td>5</td><td>冷却水</td><td colspan="3">检查各路水、气、油路、水（油）嘴的密封性，畅通无阻且无渗漏，清除冷却水道的水、水垢、异物和除锈</td><td>次/批</td><td></td><td></td><td></td><td></td><td></td><td></td><td></td><td></td><td></td><td></td><td></td><td></td><td></td></tr>
<tr><td>6</td><td>热流道</td><td colspan="3">热流道的连接导线、热电偶是否破损、短路、断路、漏电，电气测试、密封元件检查以及元件脏物的清洗工作等</td><td>次/批</td><td></td><td></td><td></td><td></td><td></td><td></td><td></td><td></td><td></td><td></td><td></td><td></td><td></td></tr>
</table>

续表

<table>
<tr><td colspan="2">模具名称</td><td>模具编号</td><td>保养班组</td><td colspan="12"></td><td>定期保养□ 定期检查○</td></tr>
<tr><td rowspan="2">序号</td><td colspan="2" rowspan="2">保养检定内容</td><td rowspan="2">保养标准</td><td colspan="12">保养实施情况（下一行签写保养日期）</td><td rowspan="2">备注</td></tr>
<tr><td></td><td></td><td></td><td></td><td></td><td></td><td></td><td></td><td></td><td></td><td></td><td></td></tr>
<tr><td rowspan="2">7</td><td rowspan="2">易损件</td><td>（1）检查弹簧、密封圈、胶条是否失效、断裂</td><td rowspan="2">次/3 000 件或半年</td><td></td><td></td><td></td><td></td><td></td><td></td><td></td><td></td><td></td><td></td><td></td><td></td><td></td></tr>
<tr><td>（2）顶杆、顶管及芯轴、顶块是否起毛刺、断裂</td><td></td><td></td><td></td><td></td><td></td><td></td><td></td><td></td><td></td><td></td><td></td><td></td><td></td></tr>
<tr><td>8</td><td>安全</td><td>（1）检查强制预复位机构保证回位安全，行程可靠。模具装配上动、定模安全连接板</td><td>次/3 000 件或半年</td><td></td><td></td><td></td><td></td><td></td><td></td><td></td><td></td><td></td><td></td><td></td><td></td><td></td></tr>
<tr><td>9</td><td>存放</td><td>（2）模具存放时，热流道加热和控制导线不受挤压，模具顶部不得放重物。</td><td>次/批</td><td></td><td></td><td></td><td></td><td></td><td></td><td></td><td></td><td></td><td></td><td></td><td></td><td></td></tr>
<tr><td rowspan="2">10</td><td rowspan="2">其他</td><td>（1）模具暂时不用时，抽芯液压油缸入口和出口处应密封好，防止灰尘进入。</td><td rowspan="2">次/批</td><td></td><td></td><td></td><td></td><td></td><td></td><td></td><td></td><td></td><td></td><td></td><td></td><td></td></tr>
<tr><td>（2）气体辅助成型模具暂时不用时，气针必须取下，妥善保管。将气孔用高压气体清除干净，并用专用螺钉密封</td><td></td><td></td><td></td><td></td><td></td><td></td><td></td><td></td><td></td><td></td><td></td><td></td><td></td></tr>
<tr><td colspan="3">保养/检查签字：</td><td></td><td colspan="6"></td><td colspan="6">确认：</td><td></td></tr>
</table>

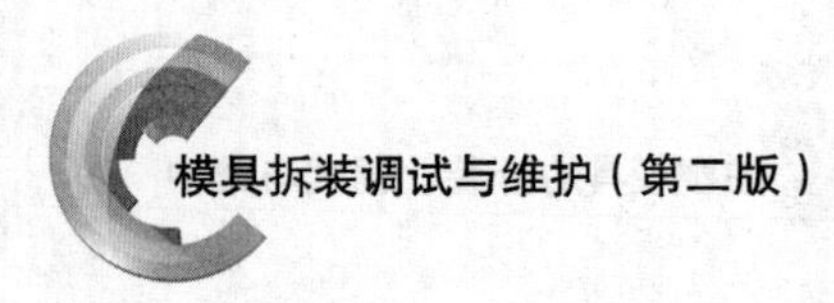

模具应采用卡片化管理：一种是“一模一卡”的“模具管理卡”，另一种是“一库一卡”的“模具管理台账”。

“模具管理卡”记载以下内容：模具的编号和名称，模具制造或购入日期，制造厂家名称，制件名称、质量、草图或照片，使用的注射机，模具的使用条件，模具加工工件数量的记录，模具修理情况的记录。“模具管理卡”一般用塑料袋存放，以免污损，并挂在库房保管的模具上。模具使用后，要立即填写工作日期、加工批量及其他有关事项，并再次挂在模具上，交库保管。

一张“模具管理卡”对应一套模具的管理，而“模具管理台账”则对全部库存模具进行管理，记录模具编号与模具管理地点等有关事项。

3. 注塑模维护、管理的要领

(1) 合理、正确、规范地进行成型生产

注塑模的操作人员必须充分了解模具结构、塑料的特性，正确选择与模具相对应的成型设备（如注射机），并合理地调节低压闭模（目的是使模具在闭模时得到低压保护）、高压合模以及成型工艺条件（压力、温度、时间等），并对成型模具、成型设备或成型操作工艺进行必要的管理。

要针对不同的模具制定相应规范的成型作业标准或成型工艺卡，建立注塑模成型资料档案，尤其是在塑料制件批量生产时，特别要强调制订对模具中各导柱、复位杆等易磨损件加润滑油和清理作业标准。要求成型工艺人员和操作人员严格执行成型作业标准和成型工艺条件，减少因为操作失误而引起模具事故。

(2) 及时、正确、规范地进行模具的保养和修理

一旦发现注塑模有故障，应及时修理。首先应寻找并分析故障的原因，然后制订正确的修模方案。应选择优质、高效、经济的修模方案进行模具的维修和保养。维修过程中，应遵循规范的修模作业规程。

(3) 制定模具日常、定期保养计划

无论是正在生产中的模具或是暂不生产的模具，都应制定模具日常、定期保养计划。对正在生产中的模具，除了要在生产中进行日常保养外，每生产5万~10万模次或模具发生故障时还要对模具进行定期保养，分解模具各部件，对其开关动作、尺寸和表面粗糙度等进行检查，确认其状态是否良好，并采取必要的措施，使模具始终处于良好的状态。对暂不生产的模具可定期进行状态确认，检查是否生锈，进行清洗和涂防锈油，使其保持随时能生产的状态。

(4) 保护型腔表面

不同的制件有不同的表面粗糙度要求。但是，为了制件的脱模需要，模具成型面的表面粗糙度一般要求小于 $Ra0.4$ μm。型腔的表面不允许被钢件碰划，只能使用纯铜棒帮助制件脱模。只能用涤纶布或丝网布擦拭型腔表面。表面有特殊要求（如表面粗糙度不大于 $Ra0.2$ μm）的模具，其型腔表面一般镀镍处理，操作人员应佩戴丝绸手套，不允许用手直接接触型腔表面。

（5）滑动部位适时、适量加注润滑油脂

油脂一次不可以加注太多。导柱、导套、顶杆、复位杆等滑动配合部位要适时擦洗并加注润滑油脂，保证运转灵活，防止紧涩、卡滞。

（6）型腔表面要定期进行清洗

注塑模在成型过程中，从塑料中分解出的低分子化合物会逐渐腐蚀模具型腔，使得光亮的模具表面逐渐变得暗淡无光，造成制件表面质量降低。因此，需要定期擦洗型腔表面，擦洗完成还要及时吹干。

（7）型腔表面要按时进行防锈处理

一般模具在停用 24 h 以上时要进行防锈处理，涂刷无水黄油。停用时间较长（如一年）时，可以喷涂防锈剂。在涂防锈油或喷防锈剂前，应使用棉丝把型腔或模具表面擦干净并用压缩空气吹干，否则防锈处理的效果不好。

（8）易损件应适时更换

导柱、导套、顶杆、复位杆等活动件因长时间使用而磨损，需要定期检查并及时更换，一般在使用 3～4 万次就应检查及更换，避免因滑动配合间隙过大，导致塑料注入配合孔内，影响制件质量。

（9）型腔表面的局部损伤要及时修复

发现型腔的局部有严重损伤，一般先用铜焊、CO_2气体保护焊等方法焊接，再采用机械加工或钳工修复打磨，或者采用镶嵌的方法修复。对于波纹表面的修复，则需要采用特殊工艺进行处理，如利用模具塑性变形修复损坏表面，然后进行局部腐蚀。

（10）注意模具的疲劳损坏

在注塑模工作过程中，模具会产生较大的应力，而打开模具取出制件后内应力又消失了。因为模具受到周期性内应力作用而易产生疲劳损坏，所以应定期对模具进行消除内应力的处理，防止注塑模出现疲劳裂纹。

（11）模具表面粗糙度的修复

一般注塑模的型面会越用越光滑，制件质量会越来越好，即模具在试模合格后会越来越好用。但是，一些模具由于塑料分子挥发物的腐蚀作用，使得型腔表面变得越来越粗糙，导致制件质量下降。这时，应及时对成型面重新进行研磨、抛光等处理，有的型腔甚至需要褪去镀层重新抛光后，再镀涂层、抛光。

五、注塑模的保养

1. 注塑模的一级、二级、外观保养

（1）保养内容

在生产过程中，注塑模的保养包括一级（日常点检）保养、二级（定期）保养、外观保养。一级保养是操作人员对注塑模每日进行的保养，主要内容为清洗和擦拭、润滑和检查。二级保养是根据注塑模的技术状态和复杂程度而制定的定期、系统的保养。二级保养一般由专业的模具维修人员完成，并根据保养情况做好相应

的记录。外观保养由操作人员完成。注塑模的一级、二级、外观保养的内容见表2—4—7。

表2—4—7　　注塑模的一级、二级、外观保养的内容

分类	内　容
一级保养	（1）清洁注塑模，将动模面和定模面、推杆压板、吊耳孔的胶丝、脏物擦拭、清理干净 （2）模具螺钉与安全系统检查 （3）推杆加专用润滑油，滑块、导柱等活动部位加润滑油
二级保养	（1）模具清洁，将动模面和定模面、推杆压板、吊耳孔的胶丝、脏物擦拭、清理干净 （2）模具螺钉与安全系统检查 （3）推杆加专用润滑油，滑块、导柱等活动部位加润滑油 （4）检查弹簧、推杆、滑块和斜顶有无卡死、烧伤、断裂等现象。如果有上述现象，应落模修理 （5）检查冷却系统是否堵塞、漏水。如果有上述问题，应进行疏通或更换密封圈 （6）拆卸推杆、滑块、抽芯机构，检查是否有烧伤、断裂、严重磨损等现象。如果有上述现象，应修理或更换 （7）清理排气槽、孔，有困气、烧黑的部位加排气孔（或槽） （8）对损伤、磨损部位修整 （9）检查镶嵌件配合间隙，对损伤比较严重的、塑件出现严重毛刺且难以通过调节进行改善的镶嵌件进行更换 （10）检查模具型腔外观表面（如镜面和蚀纹表面）是否有损伤，是否需要进行重新抛光和蚀纹
外观保养	（1）模胚外侧涂油漆，以免生锈 （2）落模时，型腔应喷上防锈油 （3）保存时模具应闭合严实，防止灰尘进入模具

保养的时间应在10 min以上，要针对模具的具体情况进行保养。保养要定时、定量完成，并与相关部门配合，保养周期超时应填写保养误时记录，并填好模具档案表。

（2）保养周期

注塑模的一级保养每2班进行1次；二级保养根据注射机的吨位来确定保养周期：30～150 T注射机，每注射6万模次保养1次，160～350 T注射机，每注射5万模次保养1次，350 T以上注射机，每注射4万模次保养1次；外观保养，每年1次。注塑模的常见维护与保养项目及周期见表2—4—8。

表 2—4—8　　注塑模的常见维护与保养项目及周期

检查项目	每天	15 天	1 个月	3 个月	6 个月至 1 年
喷嘴是否松动					●
模具型面是否渗水	●				
紧固螺钉是否松动			●		
顶杆是否弯曲、磨损、咬死		●			
滑动型转动件及导柱、导套加油			●		
脱模的动作是否协调	●				
模具表面质量				●	
模具拆卸检查（检查内容有除锈、除油润滑、型腔磨损、冷却水垢的清除等）					●

2. 注塑模入库前的保养要求

（1）注塑模卸模前，必须点检以下内容：分型面是否吻合严密；模腔、模芯是否生锈或损伤；低压合模保护是否有效；顶出、复位及滑块机构的动作是否顺畅；冷却水管及接头是否损坏，水路是否畅通；模具的导柱、导套是否有损伤；保险装置的螺钉是否拧紧；滑块上的压紧块螺钉与销轴是否正常；滑块及推板上的复位弹簧固定是否良好；热流道模具的加热、控制系统是否正常。点检不合格的注塑模只有维修、调试达到质量合格，才能入库。

（2）注塑模合模前，必须清除模具上的料屑、料丝及油污；必须清洁模具分型面、排气槽、碰穿面及插穿面；对导柱、导套、滑块、斜顶、推杆、复位顶杆等滑动部件加注润滑油脂，上油要均匀、适量。

（3）正确清洗并吹干型腔表面。严禁用纸巾或棉布擦抹前模型腔，更不允许手指甲或刚性硬物划花模具型腔。严禁用手抹或棉丝擦拭有特殊要求的模具或型腔表面粗糙度值小于 $Ra0.2$ μm 的模具，应用压缩空气吹或用高级脱脂棉蘸上酒精轻轻地擦拭。清洗干净后，注塑模必须进行防锈处理，即在型腔及型芯等工作部位喷涂模具防锈剂。

（4）注塑模卸模后，必须用压缩空气将模具内部的冷却水通道吹干，要防止冷却水吹溅到模具内部。然后，用少量机油放入模具水嘴，再用压缩空气吹，使冷却管道覆盖一层防锈油层。排空抽芯液压缸中的机油，并密封油嘴。用黄油密封浇口套嘴部。

停止使用的注塑模只有完成上述保养，才能入库存放。

3. 注塑模入库后的保管要点

（1）注塑模应存放在通风、干燥且不易受撞击的专用区域，存放区不得受阳光直射或雨水淋湿；模具要有防锈、防潮及防尘保护。

（2）模具上有模具编号，应按照模具种类和使用的设备进行分类保管。

（3）注塑模存放时间预计超过一个月时，必须用塑料薄膜覆盖，以防被灰尘污染。

（4）注塑模不能直接与地面接触：1 T 以下的注塑模可以存放在专用台架上；1 T 以上的或未存放在专用台架上的注塑模必须放置于 100 mm（高度）×100 mm（宽度）×*L* mm（长度）的枕木上。

（5）存放时，注塑模具必须整齐堆放在存放区，标识向外，相互之间不得紧靠在一起，至少间隔 20 mm 的距离。严禁模具上方放置重物或叠放模具。

（6）模具在保管时应建立保管档案，由专人负责保管。

技能训练

一、注塑模的调试操作

本训练以侧抽芯盒子注塑模为例，完成注塑模的搬运、安装等操作（表 2—4—9），及注射机参数的设置、调整和试模等操作（表 2—4—10）。

表 2—4—9　　侧抽芯盒子注塑模的搬运、安装操作

步骤	具体操作	图示
搬运模具	将装配好后的模具通过搬运工具运至注射机的吊装区。在模具搬运过程中，要安全可靠，防止模具滑落	
放置模具	在注射机的吊装区放置模具时，模具下面应该垫上枕木，避免注射机的底板直接与模具接触，以防止吊装过程中拉伤模具的模板表面及可能出现的撞击损坏模具	

续表

步骤	具体操作	图示
吊装模具前的准备	(1) 模具在安装到注射机上之前，应该根据模具装配图对模具进行检查，包括检测模具的外形尺寸，确定定位圈尺寸是否与注射机相关参数匹配等，以便及时发现问题	
	(2) 检查模具状态，测量模具高度；清理模板平面及定位孔、模具安装表面上的污物和毛刺等	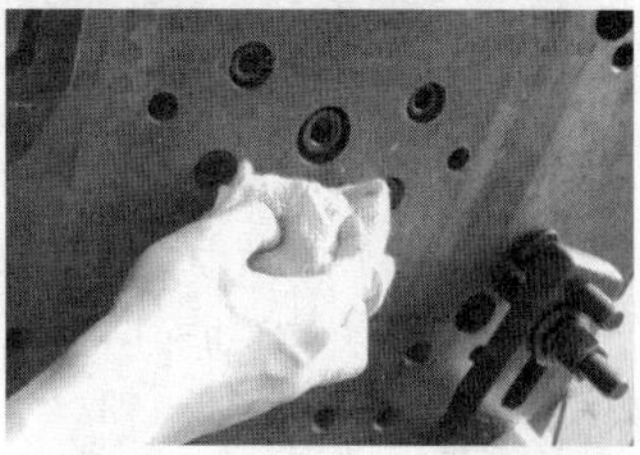
	(3) 打开总电源，启动注射机，检查设备动作是否正常。确保注射机动模座开启足够的模具安装距离。根据模具的高度，调整装模厚度。检查注射机顶杆的动作是否灵活，顶出距离是否足够等	
起吊模具	(1) 采用小型龙门架吊装模具。在龙门架上安装手拉葫芦，并将龙门架移至注射机的吊装区	
	(2) 通过手拉葫芦的铁钩，勾住模具的吊耳，操纵手拉葫芦链轮吊起模具。在吊起过程中，保持速度均匀，使模具上升过程平稳，以防止撞击注射机其他部位	

续表

步骤	具体操作	图示
安装模具	（1）当模具起吊后，要注意观察模具定位圈的方位及其与注射机的定位圈安装孔之间的高度差，不断调节模具的高低和前后位置 通过注射机操作面板，启动合模按钮将模具预压，直至将模具的定位圈装入注射机的定位圈安装孔内	
	（2）启动注射机的电动机，然后关好安全门，通过合模按钮和调模按钮，使注射机的动模板压紧模具	
	（3）用扳手拧紧模具两侧压板上的螺钉，使模具锁紧在注射机的动、定模座的模板上 然后撤走龙门架，将其移至安全区域	

表 2—4—10　注射机参数的设置、调整和试模操作

步骤	具体操作	图示
检查模具的内部	启动开模按钮，使注塑模的动、定模分离；检查模具的浇注系统、型腔等，其表面应光洁，无塌陷及明显伤痕 如果型腔表面有污垢，可喷涂模具清洗剂，清理后再吹干或用脱脂棉花擦干净	

续表

步骤	具体操作	图示
注射机参数设置	根据制件质量、材料特性、模具的结构，在注射机的操作面板上进行参数设置，主要包括成型温度、保压压力、合模力、保压时间、冷却时间、注射压力和注射量等参数	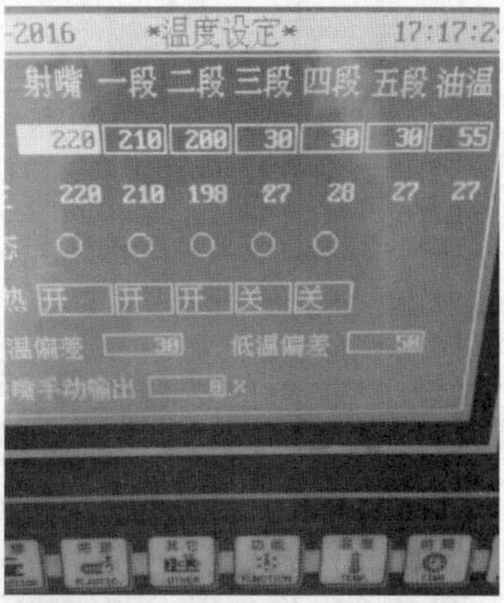
	为保证制件顺利脱模，调节开模行程，保证开模行程足够；根据制件顶出所需的距离，调节注射机顶杆顶出的长度	
校正喷嘴与浇口套	为确保注塑模喷嘴及浇口套接触可靠，需要确定注射座相对浇口套的位置。通过限位螺钉控制注射座的位置，并紧固定位	
试模	在试模之前，还需要对模具进行空运转试验，观察模具各个部位运行是否正常。确认运行可靠后，才能开始试模。 选择注射机的操作面板上的半自动化按钮，关好安全门，注射机完成一系列注塑动作（保压、冷却、开模、推出制件）然后人工取出制件 分析制件的质量，如果出现质量问题，应确定在机修模方案或卸模后修模方案	

续表

步骤	具体操作	图示
清理生产现场	试模成功后，制件达到质量要求。模具正式投入批量生产。每天加工结束后，要按照规定清理模具，并清扫和保养注射机	

二、注塑模的保养操作

模具的维护与保养操作贯穿在注塑模具的使用、检修、保管各个环节。注塑模使用前、使用过程中及拆卸、保管时的维护与保养操作见表 2—4—11。

表 2—4—11　　注塑模的维护与保养操作

阶段	具体操作	图示
模具使用前	（1）对照工艺文件，检查所使用的模具是否正确，规格、型号是否与工艺文件一致 （2）检查所使用的设备是否合理，如注射机的行程、开模距离、注射速度等是否与使用的模具配套 （3）检查所用的模具是否完好，使用的材料是否合适 （4）检查模具的安装是否正确，各紧固部位是否有松动现象 （5）用脱脂棉花和清洗剂清理注塑模型腔 （6）开机前，清理干净工作台和模具上的杂物，以防止开机后损坏模具或产生安全隐患	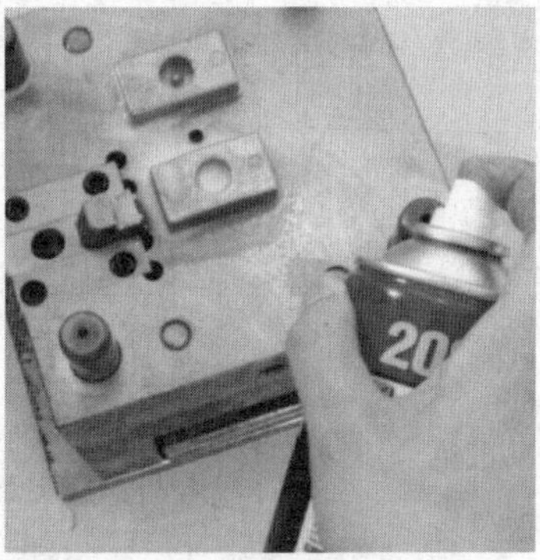 清洁模具型腔
模具使用中	（1）必须认真检查首件制件，合格后方可开始生产。如果首件制件不合格，应停机检查原因 （2）遵守操作规程，防止出现乱放、乱碰和违规操作 （3）模具在生产时要随时检查，发现异常应立即停机修理 （4）要定时对模具各润滑部位进行润滑，防止野蛮操作	 润滑模具

续表

阶段	具体操作	图示
模具拆卸时	(1) 模具使用完毕，要按正确顺序和操作从机床上卸下，绝对不能乱拆、乱卸 (2) 模具吊装要稳妥，要注意慢起轻放 (3) 拆卸后的模具要擦拭干净，并涂油防锈 (4) 选取模具成型的最后几个制件进行检查，确定是否需要检修 (5) 确定模具的技术状态，鉴定合格后应将模具及时送到指定地点进行保管	涂油防锈
模具的检修养护及存放	(1) 根据技术鉴定状态，定期进行检修，以保证模具具有良好的技术状态 (2) 要按检修工艺进行检修 (3) 检修后要试模，重新鉴定模具的技术状态 (4) 存放模具的地点一定要通风、干燥 (5) 按照规定，正确地分类存放注塑模	模具分类存放

三、评价

注塑模调试与维护操作评分标准见表 2—4—12。

表 2—4—12　　注塑模调试与维护操作评分标准

考核项目	考核内容及要求	配分	评分标准	检测结果	得分
安装	准备与分析纸质资料：能够将注塑工艺卡、模具装配图、试模记录卡等资料准备齐整	6	每缺一份资料，扣 2 分		
	检查注塑模、注射机技术状态：能够检查模具及注射机的技术状态，并做相应的调整	5	未按照要求检查，酌情扣分		
	清理安装面：清理注射机安装表面，无杂物	5	安装面未清理，不得分；未清理干净，酌情扣分		
	吊装模具：合理使用吊装设备，将模具吊装至注射机内；使用工具、设备操作规范、安全	6	有不安全操作动作，不得分；不规范动作，每次扣 2 分。		

续表

考核项目	考核内容及要求	配分	评分标准	检测结果	得分
安装模具	固定模具：合理使用夹具，将模具固定在注射机模板上，浇口定位准确	6	不规范动作，每次扣2分		
	试模：合理设置注射参数，试注射成型制件	6	未能注塑出合格产品，不得分		
拆卸模具	设置参数：调整注射机相关参数，以适应卸模操作	8	参数设置不合理，每项扣2分。		
	拆卸装夹装置：合理使用拆卸工具，规范拆卸模具装夹装置	4	操作不规范，每次扣2分		
	吊装模具：合理使用吊装设备，将模具吊装至注射机外，操作规范、安全	6	有不安全操作动作，不得分；操作不规范，每次扣2分		
	安放模具：将模具安放于合理的存放位置	4	安放不合理，酌情扣分		
调试与修模	分析制件质量：能对照表2—4—4进行产品质量分析，并提出合理的修整方案	8	分析项目，每错一项扣3分		
	模具修整：根据修整方案，修整模具与模具安装，反复试注射，直至在规定时间内注射出合格制件	10	未在规定时间内注塑出合格制件，不得分		
保养	模具保养：按照表2—4—11所列进行模具保养	6	操作不规范，每次扣2分		
安全文明生产	正确执行安全操作规程	5	每违反一项规定，扣2.5分		
	劳保用品（如工作服、工作帽等）正确穿戴	5	穿戴不整齐，不得分		
工时定额	120 min	10	每超过10 min，扣5分；超过30 min，考核不及格		
总计		100			